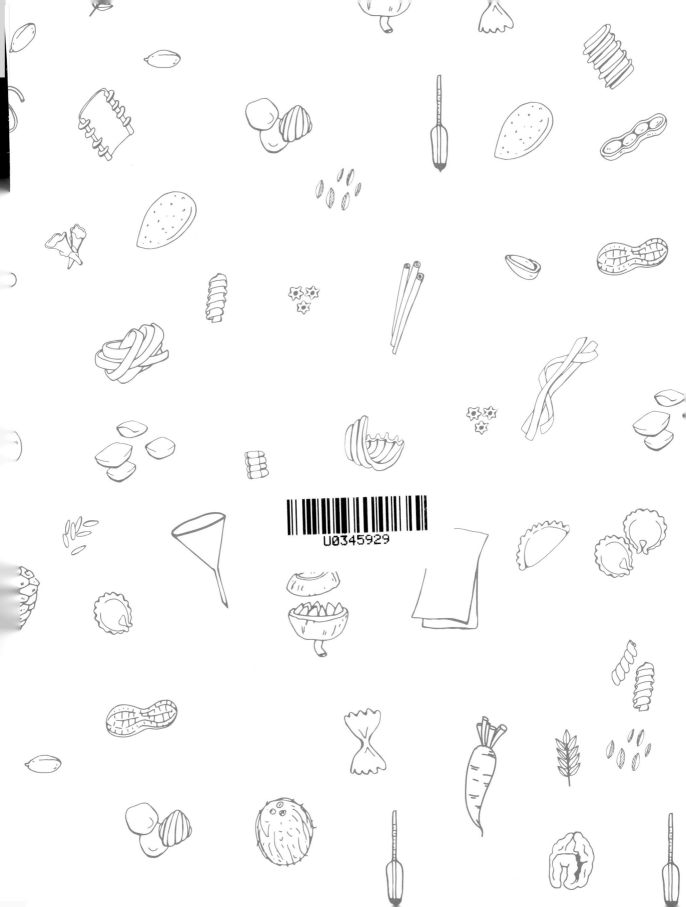

U0345929

小西餐

10 分钟上桌的 160 道
元气西餐

致谢

十分感谢我美好的家庭，感谢阿达姆（Adam）、卢比 (Ruby) 和本 (Ben)，感谢他们在我写作的时候，总是端来热茶，鼓励我坚持把书写完。还要对协助我完美实现本书的团队报以无限的感激之情。感谢爱丽丝·坎南（Alice Cannan）、迪尔德丽·鲁尼（Deirdre Rooney）、海伦·麦克蒂尔 (Helen McTeer) 和安娜·奥斯本 (Anna Osborn)。我要一如既往地感谢凯蒂·齐勒 (Catie Ziller)，感谢她对我这次充满挑战并且意义非凡的项目的支持和信任。

小西餐

10分钟上桌的160道
元气西餐

[英]苏·奎因 (Sue Quinn) 著

相凌天 译

华中科技大学出版社
http://www.hustp.com

BOOK & BEAUTY
有书至美

中国·武汉

目录

简介

对于大多数人来说，不论是否爱好烹饪，要抽出时间来制作一顿可口的饭菜可谓一个不小的挑战。许多的烹饪书籍和电视烹饪节目让我们觉得制作一顿美味的饭菜必须在厨房里耗费几个小时，并且还得有一份长长的食材清单才行。然而，在对本书上的食谱进行开发和试验的过程中，我意识到这种理解原来是十分荒谬的。其实，制作出一盘盘美味的饭菜只需花费一点点时间，这一结果让我感到惊讶。可见劳神费时的烹饪并不能与美味可口的饭菜画等号。

超快速烹饪的秘诀之一就是精心挑选食材

比如鲜意大利面、蔬菜、水果、浓郁的调料、番茄罐头、意面罐头、精选浓缩汤料、浓汤粉等。这些食材都是能帮您快速烹饪且不失风味与品质的好帮手。

快速烹饪的另一个秘诀就是合理地组织调配

一旦您的食材和厨具都准备好，那么，就可以开始烹饪了。因此，我强烈建议您在制作美食之前先做完这些事。烹饪时常常需要一心多用，同时要做好几件事情，但您要时刻保持判断力，确保按照合理的顺序来烹饪美食。举个例子，假如您有一个很快就能把水烧开的电磁炉，那么在您煮意面的时候就可以不必先烧一壶开水，因为直接用电磁炉来代替热水壶就行了。

最后，您要知道每个人的烹饪速度是不一样的

如果您干活利索的话，本书所有这些菜品您都能够在10分钟以内搞定。但是，如果在一开始时您在烹饪上花的时间稍长了一些，其实也不用担心，因为经过一段时间的尝试，您也会进入快速烹饪的状态，就会发现自己也能快速完成某个系列的菜肴，且快得超出自己的想象。

一个完美的储藏柜

 ## 原料

- 油（橄榄油或植物油）
- 海盐（鳞片状盐和细盐）
- 黑胡椒
- 糖（软黄糖、细砂糖/超细白糖和黑砂糖）
- 黄油
- 面包（乡村面包和法式长棍面包）
- 鸡蛋
- 优质浓缩汤料/浓缩调味料和调味粉
- 坚果和瓜子
- 香料（烟熏红椒粉、小茴香、辣椒片、辣椒）
- 果脯
- 面条（鲜面条和干面条）
- 新鲜的意大利面
- 古斯古斯面

 ## 蔬果类

- 大蒜
- 香草
- 柠檬/酸橙
- 大葱（冬葱）
- 红辣椒
- 番茄

 ## 乳制品

- 希腊式酸奶
- 法式鲜奶油
- 奶油
- 奶油干酪
- 奶酪（帕尔马干酪、菲达奶酪、马苏里拉奶酪、切达干酪、山羊奶酪、哈洛米奶酪、马斯卡泊尼奶酪）

 ## 鱼类

- 熏鱼（烟熏三文鱼和烟熏鲭鱼）

 ## 肉类

- 培根

罐头类

- 豆类罐头（鹰嘴豆、扁豆、黄豆）
- 鱼类罐头（金枪鱼、凤尾鱼、沙丁鱼）
- 蔬菜罐头（油渍番茄干、扒茄子、辣椒、洋蓟）
- 酸豆罐头
- 橄榄罐头

其他

- 墨西哥薄饼
- 爆米花
- 肉桂焦糖饼干或类似饼干
- 即食谷物（预制食品），如藜麦，法老小麦或者混合谷物。
- 玛琳巢 ※
- 巧克力酱

酱汁、调味料、蘸酱

- 咖喱酱
- 香葱沙司
- 番茄糊
- 鹰嘴豆泥
- 辣椒酱（塔巴斯科辣椒酱、是拉差辣椒酱、甜辣酱）
- 哈里萨辣椒酱
- 酱油
- 芥末
- 蛋黄酱

冷冻类

- 水果
- 蔬菜（豌豆和蚕豆）

※ 糖和蛋白混合制成的蛋白霜，做成鸟巢的形状，并在其中放入水果等制成的甜点。

第1章

共享小食和零嘴

香甜南瓜子

1杯 / 所需时间：5分钟制作+5分钟冷却时间

所需装备：碗、煎锅、1张烘焙纸

130克（4.5盎司/1杯）南瓜子仁

3汤勺软黄糖

1½茶勺
小茴香粉

¾茶勺辣椒粉

1½茶勺甜
烟熏红椒粉

将所有调味料和食材都放到碗里进行充分搅拌，直到每颗瓜子仁都均匀沾上调料。再在煎锅里倒上1茶勺植物油进行加热，然后把搅拌好的瓜子仁倒入煎锅中。翻炒1—2分钟，或待糖变成焦糖色，瓜子仁爆开即可。最后把它们平摊在烘焙纸上，待其冷却后即可享用。

帕尔马爆米花

4人份小吃 / 所需时间：5分钟

所需装备：乳酪磨碎器、小平底锅、带盖子的大平底锅

30克（1盎司）
帕尔马干酪

30克（1盎司）
盐味黄油

50克
（2盎司/¼杯）
玉米粒

将帕尔马干酪细细地磨碎，再将黄油放入小平底锅内加热融化。把玉米粒倒入大平底锅内，加入1汤匙植物油，将玉米粒和植物油在锅中搅拌均匀，然后盖上盖子，开始加热。

先把火调到中大火，当锅里的玉米粒加热到开始爆裂时，停止加热。等待1分钟后，再继续加热玉米粒。在玉米粒不断爆裂的过程中，需要不断地晃动大平底锅。大约2分钟后，当玉米粒爆裂的噼啪声渐渐消退时再冷却1分钟。最后按个人口味喜好加入磨碎的帕尔马干酪、黄油和海盐调味，并搅拌均匀即可。趁热食用口味更佳。

羽衣甘蓝脆片

4人份小吃/所需时间：10分钟制作＋5分钟冷却时间

所需装备：大碗、小碗、铺好烘焙纸的烤盘

100克（3.5盎司）
羽衣甘蓝叶

½茶匙烟熏
红椒粉

1茶匙细砂糖
（超细白糖）

首先，将烤箱预热至180℃（350℉）。然后将甘蓝叶从甘蓝杆上剥下。若甘蓝叶很大，可以将它们撕成小片，再放到碗里。加入橄榄油，并用手揉搓，使橄榄油均匀沾在每片甘蓝叶上。

将糖、辣椒粉和½茶匙海盐倒入1个小碗里，并搅拌均匀。再将它们一点一点慢慢地倒到甘蓝叶上，并用手抹匀。接下来，把甘蓝叶放到烤盘上并摊开，烘烤5分钟，待甘蓝叶开始卷起，叶子边缘开始变黄即可。最后将甘蓝叶盛入碗中，冷却5分钟变脆，即可享用。

唐辛子粉拌油炸帕德龙辣椒

4人份小吃 / 所需时间：8分钟

所需装备：大煎锅、吸水纸巾

唐辛子粉，
用来点缀菜品

250克（9盎司）帕德龙辣椒

　　首先将辣椒清洗干净并完全擦干。然后在煎锅中加入3汤匙橄榄油，且注意，要将辣椒在油锅中翻滚，并加热至高温。随后将辣椒慢慢放入油中，让每个辣椒都包裹上一层油。煎3—4分钟，在此过程中要不断翻炒。等到辣椒表皮开始起泡，并且部分变成棕色即可。注意千万不要煎过头。然后将辣椒倒在吸水纸巾上，让吸水纸巾把辣椒上多余的油吸净之后，便可以开始享用了。食用时可撒上唐辛子粉。

　　提示：买来的辣椒中总免不了有一两个会特别辣，千万要小心。

帕尔马花边**干酪饼干**

4人份小吃 / 所需时间：5分钟制作+5分钟冷却时间

所需装备：乳酪磨碎器、碗、铺好烘焙纸的烤盘、金属丝架

50克（2盎司）
帕尔马干酪

胡麻子

首先，将烤箱预先加热到200℃（400℉），然后将奶酪细细地磨碎后放进碗里，再加入胡麻子，搅拌均匀。然后，将其一勺一勺舀到烤盘上，再用勺背将奶酪摊平。

　　将摊平的奶酪放进烤箱烘烤3分钟，直到奶酪呈金黄色。先在烤盘上静置几分钟，再将奶酪倒到金属丝架上冷却变脆，随后就可以享用了。

蒜味墨西哥玉米片

16片/所需时间：8分钟制作+5分钟冷却时间

所需装备：烤盘、大蒜压碎器、小碗、糕点刷

2瓣大蒜

2张墨西哥薄饼

首先，将烤箱预热至200℃（400℉），然后将空烤盘放入烤箱中。同时，将大蒜压碎放入碗中，再加入1汤匙橄榄油，搅拌均匀。随后将调配好的蒜味橄榄油涂在薄饼上，注意饼的两面都要涂抹。接着往饼上撒些许海盐，再将每片薄饼切成楔形的8小片。

将加热过的烤盘从烤箱中取出，将切小的薄饼放在烤盘上，烘烤5—6分钟直到呈金黄色。最后将它们倒到金属丝架上冷却变脆就可以享用了。

23

希腊红鱼子泥沙拉

4人份 / 所需时间：5分钟

所需装备：小碗、食品加工机或者搅拌器

100毫升（3½液量盎司）
特级初榨橄榄油

200克（7盎司）
烟熏鳕鱼卵

100毫升
（3½液量盎司）
牛奶

3汤匙柠檬汁

60克（2盎司）
陈白面包

首先，撕掉面包皮，然后把面包掰成几小块放入碗中。再往碗里加入牛奶，让牛奶把面包浸透。

将鱼子从鱼皮上剥下来，或者用刀把鱼子刮下来，然后连同浸透的面包一起放入搅拌器中搅拌，直到搅拌均匀为止。

在搅拌的同时，慢慢倒入橄榄油，再加入柠檬汁。想要柠檬味道浓些，就多加一点柠檬汁，如果想淡一些，就再加点水进去稀释。搅拌完成后，搭配胡萝卜和面包一起食用口味更佳。

鳄梨沙拉酱

4人份沙拉酱 / 所需时间：5分钟

所需装备：碗、大蒜压碎器

塔巴斯科（Tabasco®）辣沙司
（根据个人口味添加）

2个成熟的大鳄梨

1个熟番茄

1瓣大蒜

1汤匙酸橙汁

首先，将鳄梨肉舀到碗里，并用叉子捣碎。然后将大蒜压碎后放入碗中，再按个人喜好的口味加入酸橙汁、盐、胡椒粉和塔巴斯科辣椒酱，并搅拌均匀。

接着将番茄切碎并小心地拌入鳄梨糊中，然后尝一下味道，可以继续按照口味喜好再加入些盐、胡椒、酸橙汁和塔巴斯科辣椒酱调味。食用时可以用切好的新鲜蔬菜蘸着吃。

黑豆哈里萨辣椒酱

4人份小吃／所需时间：5分钟

所需装备：食品加工机

1罐黑豆，固重约
200克（7盎司）

少量鲜榨酸橙汁

1茶匙哈里萨辣椒酱

适量香菜叶，用来
对菜品进行点缀

首先将罐装黑豆里的汁液倒出，留好备用。然后将黑豆、香菜、哈里萨辣椒酱、酸橙汁和2汤匙橄榄油倒入食品加工机中搅拌。再加入1—2汤匙之前保留下来的汁液，搅拌均匀。然后按照个人口味喜好加入盐、胡椒和酸橙汁调味。

　　最后，将酱汁舀到餐盘中，并撒上一些香菜叶点缀即可。与酸橙块和墨西哥炸玉米片搭配食用口味更佳。

蚕豆芝麻酱

4人份开胃菜/所需时间：10分钟
所需装备：炖锅、搅拌器或食品加工机

4瓣大蒜

½茶匙酱油

1茶匙芝麻油

2汤匙酸橙汁

500克（1磅2盎司）
已剥好的速冻蚕豆

首先，烧开一壶水，同时，将大蒜去皮。等水烧开后，将开水倒入炖锅中，再把蚕豆和大蒜放到水中煮大约4分钟，直到蚕豆变软。将滤干后的蚕豆和大蒜放到搅拌机中搅拌，并加入芝麻油、酸橙汁和酱油。

准备好180毫升（6液量盎司／¾杯）冷水。在搅拌酱汁过程中，慢慢地将水倒入其中，直到搅拌成均匀的乳脂状为止，再加入盐和胡椒粉调味即可。食用时可用切好的生蔬蘸着吃。

番茄罗勒葱末面包

每份4片/所需时间：10分钟

所需装备：烤盘、碗

4个熟罗马（梨子）番茄

4片法棍面包，
将其斜向切片

1瓣大蒜

8片罗勒叶

首先将烤架的温度调到最高，然后把法棍切片面包整齐排列在烤盘上，再在面包上涂抹一些橄榄油，然后将烤盘放上烤架，面包的两面都要烤至金黄。烤面包的同时，将番茄切成细丁，罗勒叶撕成小块，放入碗中，再加入1汤匙橄榄油、盐和胡椒粉，搅拌均匀。大蒜去皮，一切为二之后，在烤好的面包上反复摩擦。最后将之前做好的番茄酱抹在面包片上即可享用。

意式面包的变化食谱

每份8片

如果您想尝试一些不一样的面包配方，那么可以试试接下来的这些搭配。
这些都是本书第32、33页番茄罗勒葱末面包配方的变化版。

橄榄油

3汤匙天然纯酸奶

适量混合的香草料，
比如罗勒叶、牛至叶、
香葱、欧芹和百里香

1个茄子

½茶匙卡宴辣椒

8汤匙软羊奶酪

1瓣大蒜

羊奶酪拌香草料葱末面包

　　首先，将香草料切碎，与羊奶酪混合搅拌至乳脂状。与之前一样用大蒜在面包上反复摩擦，并往面包片上充分地涂抹好奶酪后即可享用。

油炸辣味茄子淋酸奶

　　首先，在煎锅中倒入2汤匙橄榄油加热，然后将茄子切丁后放入锅中油炸，再往锅中加入卡宴辣椒、盐和胡椒粉翻炒，直到茄子变软。与此同时，压碎大蒜，并与酸奶混合。最后将炸好的茄子放到面包片上，再往上淋1勺蒜味酸奶即可享用。

1汤匙酸豆

4汤匙黄油

80克（3盎司/⅓杯）
番茄干酱

1小把乌榄

200克（7盎司）
蘑菇

2瓣大蒜

10片牛至叶

橄榄、牛至拌番茄干酱

　　首先，将切碎的牛至叶和番茄干酱混合搅拌，再加入一点橄榄油稀释酱汁，随后将其抹在面包片上，再将切好片的乌榄放在上面即可享用。

蘑菇炒酸豆

　　首先，将黄油放入煎锅中融化，再放入切好的蘑菇。随后将准备好的大蒜和酸豆切片，放入煎锅中。翻炒5分钟后，再加入盐和胡椒粉调味。最后将其抹到面包片上即可享用。

意式面包的变化食谱

每份8片

如果您想尝试一些不一样的配方，那么可以试试接下来的这些搭配。

这些都是本书第32、33页番茄罗勒葱末面包配方的变化版。

1个墨西哥胡椒或
者其他红辣椒

少量鲜榨柠檬汁

1汤匙酸橙汁

1小捆薄荷叶

150克（5.5盎司）
金枪鱼腩

博康奇尼※，用来点缀面包

1汤匙碎黑胡椒粉

薄荷辣椒酱淋博康奇尼

首先，将薄荷叶和切碎的墨西哥胡椒或者其他中辣型辣椒放入臼或者搅拌机中搅拌，再加入3汤匙橄榄油和1小杯鲜榨柠檬汁，继续搅拌。随后将博康奇尼一切为二放在面包片上，再将搅拌好的辣椒酱淋在上面一些即可享用。

酸橙汁淋金枪鱼腩

首先，将煎锅加热至高温。然后将沾上黑胡椒粉的金枪鱼肉放到煎锅中，每面煎10秒钟，随后将鱼肉切成薄片，越薄越好。将准备好的酸橙汁和½汤匙橄榄油混合搅拌。然后将煎好的鱼肉放在面包片上，撒一些香草料在上面，最后再淋上一些酸橙橄榄油即可享用。

※一种意大利甜品。

1茶匙干型雪莉酒

1汤匙厚（双层）奶油

半个红辣椒

里科塔芝士，
用来涂抹在面包上

70克（2.5盎司）
卡沃洛尼禄※

100克（3.5盎司）
黄油

2瓣大蒜

250克（9盎司）鸡肝

大蒜炒卡沃洛尼禄

　　首先，将卡沃洛尼禄仔细切碎，然后放到锅中，倒入3汤匙橄榄油，翻炒2分钟。随后将切碎的大蒜和红辣椒放入锅中，再加入足量的盐和胡椒。再以小火翻炒5分钟。最后在面包片上涂上里科塔芝士，再将炒好的卡沃洛尼禄撒到面包上即可享用。

鸡肝酱

　　首先，将黄油加热融化，放入碗中备用。然后在煎锅中加入1汤匙黄油，把鸡肝放入锅中炸3分钟。炸好后将鸡肝放入搅拌器中，并加入剩下的黄油、奶油、盐和胡椒粉一起搅拌。在搅拌的过程中加入雪莉酒调味。待鸡肝酱冷却大约30分钟之后，抹在面包片上即可享用。

※卡沃洛尼禄是一种长有深绿色菜叶的意大利卷心菜。

甜辣酱鱼饼

12片/所需时间：10分钟

所需装备：食品加工机、大煎锅

4根葱（青葱）

300克（10½盎司）
去皮鳕鱼或者黑线鱼肉块

1大汤匙泰式
绿咖喱酱

甜辣酱（蘸酱）

几块酸橙

首先，将鱼肉和葱切成大块，放入食品加工机中，然后加入咖喱酱一同搅拌，直至搅拌均匀。随后将煎锅加热。

　　将搅拌好的鱼肉酱取出后，用手搓成一个个的小肉丸。再压成饼状。在煎锅中加入2汤匙菜油后，将肉饼放入锅中，以中高火油炸。肉饼每一面炸1.5—2分钟，炸至表面金黄即可。蘸着甜辣酱，趁热食用，在上面再淋几滴酸橙汁口味更佳。

稠汁香肠拌白豆

2人份的开胃菜或者小吃／所需时间：8分钟

所需装备：煎锅、滤锅

250克（9盎司）
西班牙辣香肠

2汤匙蜂蜜

1汤匙雪莉酒醋

400克（14盎司）
罐装意大利白豆

首先，在锅中加入1汤匙橄榄油并加热。同时，将香肠表皮剥去，切成厚度约1厘米（0.5英寸）的薄片。然后在油锅中用中高火炸4分钟，直到香肠表面变脆。

　　同时，把白豆※沥干并清洗干净。再将醋和蜂蜜倒入炸香肠的锅中，翻炒至调料沸腾起泡。随后把火调小，再将准备好的意大利白豆放入锅中翻炒，直到白豆被充分加热为止。最后加入盐和胡椒粉调味即可享用。

※买的白豆罐头，需要将罐头里的配料和酱汁沥干。

祖奇尼面条鸡蛋煎饼

4人份 / 所需时间：10分钟

所需装备：碗、20厘米（8英寸）宽不粘锅、大盘子

150克（5½盎司）新鲜米线
（或者吃剩下的熟意面）

一个小祖奇尼※
（小胡瓜）

3个鸡蛋

50克（2盎司）
切达干酪

※夏季产南瓜之一种。

首先，把鸡蛋打在碗里，然后将干酪磨碎后放入碗中一同搅拌。往锅中倒入2汤匙橄榄油，将祖奇尼切成薄片，放入锅中，油炸2分钟，直至变软。随后把面条倒进去，翻炒1分多钟。将面条倒入盛有鸡蛋液的碗里搅拌。将锅擦干净后，加入2汤匙橄榄油，再倒入鸡蛋和面条的混合物。

　　将火调到中高火，待鸡蛋面的底部呈金黄色后，将鸡蛋面块倒扣在一个盘子里，再放回到煎锅中煎另一面。继续煎1分多钟，待面条熟透，即可享用。趁热食用口味更佳。

蜂蜜淋油炸山羊奶酪

2—4人份 / 所需时间：5分钟

所需装备：煎锅、浅碗、煎蛋铲、吸水纸

4汤匙蜂蜜

1个鸡蛋

1汤匙纯面粉
（中筋面粉）

4汤匙松子仁

200克（7盎司）
硬山羊奶酪

首先，往锅里倒入5毫米厚（¼英寸）橄榄油，加热至高温。同时，将鸡蛋打在浅碗里，轻轻地搅拌均匀。把奶酪切成厚约1厘米（½英尺）的薄片，撒上面粉，并确保每一片奶酪表面都沾上了面粉。撒完后清除多余的面粉。

　　把奶酪放到鸡蛋液里浸渍，随后放入锅中油炸，每面各炸1分钟，或者直到奶酪变脆变黄即可。随后把奶酪取出，放到吸水纸上吸净多余的油分。食用前淋上蜂蜜再撒上些许松子仁，趁热食用口味更佳。

辣味哈罗米芝士汉堡

2人份 / 所需时间：6分钟

所需装备：大煎锅、小碗、糕点刷

2个夏巴塔※面包卷

250克（9盎司）
哈罗米芝士

1汤匙哈里萨辣椒酱

2个熟罗马（梨子）
番茄

※ 夏巴塔是一种用橄榄油制成的意大利白面包。

首先在煎锅中加入2汤匙橄榄油并加热。同时，在小碗中倒入1汤匙橄榄油，再倒入哈里萨辣椒酱搅拌均匀。将番茄切成两半，哈罗米芝士切成8小片。

　　在哈罗米芝士两面分别抹上搅拌好的哈里萨辣椒酱，然后放入煎锅中。再将切好的番茄放入锅中，切面朝下。芝士两面各炸1—2分钟，直到芝士呈金黄色，并开始稍许融化。最后，将面包卷中心掏空后，把4片芝士和2块番茄分别塞进一个面包卷中即可。食用时撒一些蛋黄酱和欧芹叶在上面口味更佳。

祖奇尼菲达奶酪煎饼

4人份 / 所需时间：10分钟

所需装备：大煎锅、乳酪磨碎器、茶巾、碗

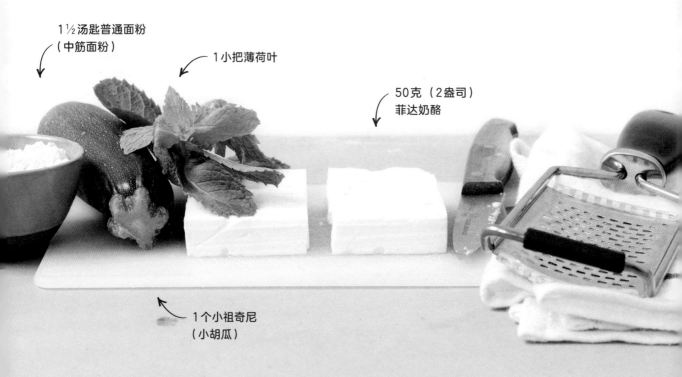

1½汤匙普通面粉
（中筋面粉）

1小把薄荷叶

50克（2盎司）
菲达奶酪

1个小祖奇尼
（小胡瓜）

首先，将火调到中高火，放上煎锅。将祖奇尼切丁，放入茶巾里，然后用力挤压，把祖奇尼的汁液尽可能挤干净。再将薄荷叶切碎，然后把祖奇尼、薄荷叶、面粉、盐和胡椒粉放入碗里，再把菲达奶酪磨碎一起放进去，用手搅拌均匀，再将其分成4块，做成饼状。

在煎锅中加入2汤匙橄榄油，再把饼放进锅中，用中高火每面各炸约2分钟，直至表面呈金黄色。趁热享用，与绿色蔬菜搭配，口味更佳。

甜辣烤茄子

2人份的配菜／所需时间：10分钟

所需装备：烧烤盘或烧烤架、大蒜压碎器、小碗、糕点刷

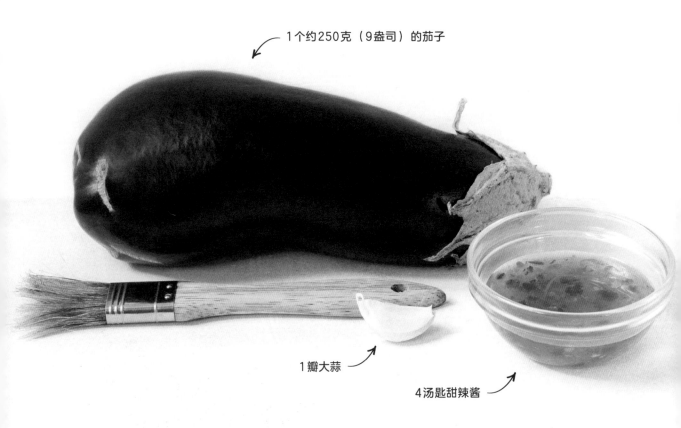

1个约250克（9盎司）的茄子

1瓣大蒜

4汤匙甜辣酱

首先，在烧烤盘上倒入2汤匙橄榄油，用高火加热，用烧烤架也可以。同时，将大蒜压碎后放入小碗中，再加入1汤匙橄榄油、甜辣酱、盐和胡椒粉，搅拌均匀。然后将茄子切成厚约5毫米的薄片，每片茄子两面都涂上搅拌好的甜辣酱混合物，放到烧烤盘或者烤架上烘烤，每面各烤1—2分钟直至茄子变软，表面略微烧焦即可享用。

韭葱羊酪煎蛋卷

1人份/所需时间：5分钟

所需装备：小不粘锅、2个小碗、铲刀

1段葱白

50克（2盎司）羊奶酪

2个鸡蛋

1汤匙黄油

先将葱白切碎，然后在锅里倒入2汤匙橄榄油，把切碎的葱白放进去小火炸约2分钟，直到变软，再加入盐和胡椒粉进行调味，随后把葱白倒入一个小碗备用。

将锅擦干净，把黄油放到锅中，再将火力调到中高。与此同时，将鸡蛋打到另一个碗中，轻轻打好，按个人口味可在鸡蛋里加入盐和胡椒粉调味。等到黄油沸腾起泡后，把鸡蛋倒入锅中，不用搅拌，煎25秒钟即可。随后用铲刀把鸡蛋边缘调整到煎锅中央，然后倾斜煎锅，让那些没煎到的蛋液流入，等到鸡蛋差不多定型了，把准备好的葱白和碎羊酪铺在鸡蛋饼的一边，然后把鸡蛋饼对折。接着再煎30秒钟，取出盛到一个盘子里即可。搭配绿色蔬菜，趁热食用口味最好。

东南亚风味豆腐

4人份 / 所需时间：5分钟

所需装备：小碗、小搅拌器或者叉子、磨碎器

1块约3厘米（1英寸）长的鲜姜

350克（12盎司）块状嫩豆腐

4汤匙酱油

1汤匙细砂糖（超细白糖）

2茶匙鱼汤冲剂

首先，将酱油、糖、鱼汤冲剂、2汤匙冷水放在小碗里，搅拌至糖全部溶化。

　　将豆腐切成薄片。将姜块切成细丝。食用时把姜丝和准备好的调料撒在豆腐上即可。

芦笋帕尔马干酪面包

2人份 / 所需时间：5分钟

所需装备：乳酪磨碎器、搅拌器、蔬菜去皮器

1小杯鲜榨柠檬汁

50克（2盎司）
帕尔马干酪

6根芦笋

2片优质乡村面包

把干酪磨碎后放进碗里，加入2汤匙特级初榨橄榄油和柠檬汁，搅拌均匀成糊状。

用蔬菜去皮器把去梗的芦笋刨成薄片。

然后把做好的干酪糊涂抹在面包片上，再放上芦笋片，最后再撒上一些黑胡椒粉即可食用。

芦笋帕尔马干酪面包的变化食谱

2人份

如果您想尝试一些不一样的配方，那么可以试试接下来的这些搭配。
这些都是本书第56、57页芦笋帕尔马干酪面包配方的变化版。

4汤匙绿橄榄酱

1小碟酸黄瓜

130克（4½盎司）速冻青豌豆

2汤匙鲜奶油

几片意大利熏火腿

1小杯鲜榨柠檬汁

绿橄榄酱火腿

首先，将绿橄榄酱涂抹在2大片优质乡村面包上，再把薄火腿片和切碎的酸黄瓜放在面包上即可享用。

薄荷豌豆泥

首先，将水和冷藏豌豆倒入锅中炖3分钟，将水沥干。再往锅中加入鲜奶油、柠檬汁和一点橄榄油进行搅拌，直到成糊状，再加入盐和胡椒调味。然后将调好的豌豆糊涂抹到2片优质乡村面包上，再撒上一些新鲜的碎薄荷叶即可享用。

1个小红皮洋葱

1汤匙酸豆

3汤匙鲜奶油

1个苹果

2汤匙蜂蜜

2汤匙里科塔干酪

1½汤匙第戎芥末酱

200克（7盎司）
罐装油浸金枪鱼

金枪鱼肉酱

首先，将红皮洋葱切碎，将酸豆切成酸豆末。再将切好的洋葱和酸豆末同金枪鱼肉、芥末酱、鲜奶油外加2汤匙特级初榨橄榄油一同放入碗中，用叉子搅拌均匀。再加入适量盐和胡椒粉调味，随后将调制好的鱼肉酱涂抹到2片优质乡村面包上即可食用。

里科塔干酪，苹果片淋蜂蜜

首先，将苹果削皮去核，然后切成薄片。随后将里科塔干酪涂抹在2片优质乡村面包上，再将苹果片放在干酪上，淋上蜂蜜即可享用。

芦笋帕尔马**干酪面包**的变化食谱

2人份

如果您想尝试一些不一样的配方，那么可以试试接下来的这些搭配。

这些都是本书第56、57页芦笋帕尔马干酪面包配方的变化版。

几个小萝卜

125克（4½盎司）
软羊酪

半个柠檬

1瓣大蒜

1小把香葱

胡荽（香菜）叶子，
菜品完成后用于点缀

混合果仁，
用来点缀菜品

100克（3½盎司/½杯）
鹰嘴豆泥

½汤匙柠檬汁

2茶匙柠檬皮细碎

羊奶酪配香葱、萝卜片

首先，将羊酪、柠檬、切碎的香葱、压碎的大蒜和黑胡椒粉放在碗里搅拌成糊状。随后，将其涂抹到2片优质乡村面包上，并在面包上配上小萝卜切片，再撒上一些海盐即可享用。

柠檬鹰嘴豆泥配果仁、香菜

首先，将鹰嘴豆泥、柠檬汁、柠檬皮细碎倒入碗中搅拌均匀，然后将其涂抹在2片优质乡村面包上，再将混合果仁和香菜叶撒在面包上即可享用。

125克（4½盎司）
罐装白豆（去汁重量）

4汤匙希腊式酸奶

半个柠檬（用来挤汁）

少量刺山柑

2块薄切烟熏三文鱼

1汤匙切好的
莳萝

1瓣大蒜

几片西班牙辣香肠

1汤匙白乳酪或者1汤匙
橄榄油加希腊式酸奶

蒜味豆泥配西班牙辣香肠

　　首先，将意大利白豆、大蒜、酸奶和1
汤匙橄榄油倒入搅拌器中，搅拌至糊状，再
加入适量的盐和胡椒粉进行调味。最后，将
豆泥涂抹在2—4片优质乡村面包上，并在上
面放上几片西班牙辣香肠即可。

白乳酪、莳萝配烟熏三文鱼

　　首先，将切碎的莳萝和白乳酪放在碗中
搅拌均匀，将搅拌好的白乳酪涂抹在2大片
优质乡村面包上。再放上烟熏三文鱼薄片，
并搭配一些刺山柑，淋一些柠檬汁即可享用。

第2章

沙拉和汤

柠檬味蔬菜切片沙拉

2人份的头道菜/所需时间：10分钟
所需装备：蔬果切片机、蔬菜去皮机

　　首先，去除茴香和小萝卜的根茎，然后使用蔬果切片机将其切成薄片。再用蔬菜去皮机将整根芦笋削成长条状的薄片。

　　接着，在碗中加入柠檬汁和1汤匙特级初榨橄榄油，再加入盐和胡椒粉调味。随后，将制作好的蔬菜都摆放到盘子里。最后将调制好的柠檬味橄榄油淋在蔬菜上即可享用。

6—8根芦笋

1个球茎茴香

80克（3盎司）小萝卜

1汤匙柠檬汁

甜菜根羊酪沙拉

2人份的头道菜或配菜 / 所需时间：5分钟

所需装备：搅拌器、小碗

4汤匙软羊酪

4个煮熟的小甜菜根

1汤匙柠檬汁

2—3根百里香

首先，将柠檬汁、2汤匙特级初榨橄榄油、百里香叶、盐和胡椒粉放入碗中，用搅拌器搅拌均匀。

接着，将每个甜菜根4等分竖切。再把调制好的调味料淋在甜菜根上，让每块甜菜根的表面都沾上一层调味料。然后，将羊酪撒在甜菜根上，再淋上剩余的调味料。最后，再撒上剩余的百里香叶即可享用。

布罗科利尼沙拉

4人份的配菜 / 所需时间：10分钟
所需装备：炖锅、1杯冰水、若干小碗和1个大碗

1½汤匙酸橙汁

2汤匙米醋

少量鱼汤冲剂

300克（10½盎司）
布罗科利尼※或者西蓝花

1汤匙酱油

※是西蓝花和芥蓝的杂交品种。

首先，烧开一壶水。同时，将布罗科利尼切成小块。将开水倒入炖锅中，再撒入足量的盐来调味。随后将布罗科利尼放入滚水中焯2分钟。此时的布罗科利尼已略微有些松脆，将其从水中捞出，沥干后放入冰水中冷却。

接着，在小碗中倒入酱油、米醋、酸橙汁、鱼汤冲剂和一些冷水，搅拌成酱汁。将布罗科利尼从冰水中取出，沥干后放到大碗中，并将调配好的酱汁均匀地撒在上面，最后再用盐和胡椒粉调味即可。

热菊苣谷物沙拉

2人份/所需时间：10分钟

所需装备：2个小碗、大煎锅

250克（9盎司）即食谷物，
如奎奴亚藜麦、法老小麦或
者混合谷物

1汤匙柠檬汁，
留出富余用于浇汁

60克（2盎司/⅓杯）
蔓越莓干、樱桃干、
或者小葡萄干（金葡
萄干）

150克（5½盎司）
特雷维索菊苣或者
红菊苣（菊苣）

½汤匙第戎芥末酱

首先，烧开一壶水。同时将特雷维索菊苣切成片。然后将柠檬汁、芥末酱、2汤匙特级初榨橄榄油、盐和胡椒粉放入小碗中搅拌均匀。

随后将果干放入另一个小碗里，加入足量开水浸泡备用。接着在煎锅中倒入2汤匙橄榄油，再加入准备好的谷物和切好的特雷维索菊苣，用小火翻炒，待谷物全部加热均匀，菊苣炒熟变软，即可将火关闭。随后将果干沥干，倒入煎锅中，反复搅拌至均匀。最后撒上海盐和多余的柠檬汁即可享用。

菊苣腊肉片沙拉

2人份 / 所需时间：6分钟

所需装备：小煎锅、沙拉碗

150克（5½盎司）
白菊苣叶

60克（2盎司）
腊肉块

2汤匙红酒醋

30克（1盎司）酸黄瓜

1汤匙第戎芥末酱

首先，将酸黄瓜切块。同时，将煎锅放在大火上加热。

随后，在沙拉碗中加入3汤匙特级初榨橄榄油、芥末酱、盐和胡椒粉，搅拌均匀。然后在碗中加入菊苣叶和酸黄瓜块，注意，先不要搅拌。

接着，在煎锅中加入一些橄榄油，再放入腊肉，油炸3分钟左右直至变脆后，再把醋倒入锅中并搅拌。待锅中汤汁沸腾30秒后，将腊肉和汤汁倒入沙拉碗中，搅拌均匀即可食用。

73

简易薄脆沙拉

2人份 / 所需时间：8分钟

所需装备：沙拉碗

1根小黄瓜

2个熟番茄

1汤匙柠檬汁

1片扁面包或
1张墨西哥薄饼

1茶匙漆树果实粉

首先，将扁面包加热至酥黄。同时，将柠檬汁、1汤匙特级初榨橄榄油、盐和胡椒粉倒入沙拉碗中搅拌均匀。

接着，将番茄切丁，并将面包干掰成小块，放入碗中，最后撒上漆树果实粉调味，搅拌均匀后即可享用。

无花果菠菜沙拉

2人份/所需时间：5分钟

所需装备：沙拉盘

60克（2盎司/1½杯）
嫩英国菠菜叶

1½茶匙哈里
萨辣椒酱

1汤匙柠檬汁

4个新鲜无花果

首先，将哈里萨辣椒酱、柠檬汁、1½汤匙特级初榨橄榄油和1汤匙冷水倒入沙拉盘中并搅拌均匀，再按照个人喜好加入盐和胡椒粉调味。

接着，将无花果纵向切为4块，并同嫩菠菜叶一道放入盘中。最后将之前调配好的酱料撒在菠菜叶上，确保每片叶子都沾上一层酱料，完成后即可享用。

香草沙拉

2人份的头道菜或配菜/所需时间：3分钟

所需装备：沙拉盘

一些碎核桃仁，
用来点缀菜品

少量柠檬汁

30克（1盎司）混合香草或者
小叶蔬菜，比如扁叶欧芹、薄
荷、罗勒、苋菜红、芝麻菜、
豌豆苗、胡荽（香菜）和萝卜
顶叶

核桃油，
用于淋到菜品上

首先，在沙拉盘中将核桃仁与混合香草搅拌均匀，然后将柠檬汁挤到沙拉上，并淋上核桃油。最后再撒上盐和胡椒粉调味，轻轻搅拌均匀即可享用。

番茄、马苏里拉奶酪、罗勒沙拉

2人份的主菜（或者4人份的头道菜）/ 所需时间：3分钟

所需装备：大餐盘

3个熟番茄

2团水牛芝士

10片罗勒叶

首先将番茄和马苏里拉奶酪切成薄片后摆放在餐盘上。接着用海盐和新鲜黑胡椒粉调味，然后撒上罗勒叶，再淋上特级初榨橄榄油即可享用。

番茄、马苏里拉奶酪、**罗勒沙拉**的变化食谱

2人份的主菜（或者4人份的头道菜）

如果您想尝试一些不一样的配方，那么可以试试接下来的这些搭配。

这些都是本书第80、81页番茄、马苏里拉奶酪、罗勒沙拉配方的变化版。

3汤匙特级初榨橄榄油

1汤匙香醋

4个无花果

9根细芦笋

6片意大利熏火腿

无花果、意大利熏火腿配沙拉

首先将纵向对半切开的无花果、熏火腿片、2团马苏里拉奶酪切片和10片罗勒叶在餐盘中放好。然后将特级初榨橄榄油和香醋倒入碗中搅拌均匀，最后淋在沙拉上即可享用。

芦笋配沙拉

首先，按照书中第80、81页上所说的方法处理好番茄和马苏里拉奶酪。与此同时，准备一个烧烤架并加热。接着往整根芦笋上涂抹橄榄油，并在烤架上烤4—6分钟。注意，烤芦笋时要不断翻动芦笋，待芦笋变软稍稍烤焦即可。最后，将烤好的芦笋与番茄和奶酪一同放入餐盘中，淋上特级初榨橄榄油即可享用。

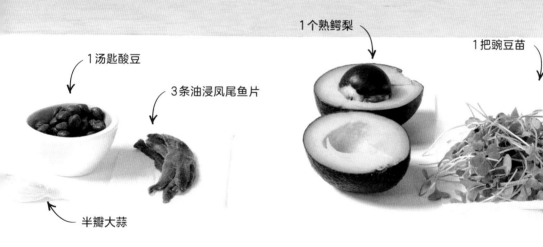

1个熟鳄梨

1把豌豆苗

1汤匙酸豆

3条油浸凤尾鱼片

半瓣大蒜

凤尾鱼、酸豆配沙拉

首先，按照书中第80、81页上的说明处理好番茄、奶酪和罗勒沙拉，但是不放罗勒叶。随后在碗中放入切碎的凤尾鱼、压好的大蒜、切好的酸豆和4茶匙橄榄油，搅拌均匀后淋在沙拉上即可享用。

鳄梨、豌豆苗配沙拉

首先，按照书中第80、81页上的说明处理好番茄、奶酪和罗勒沙拉，但在这道菜中要加入熟鳄梨。将鳄梨切片后放在沙拉上，再用豌豆苗代替罗勒叶撒在沙拉上即可享用。

蔬菜蛋黄酱

2人份的头道菜 / 所需时间：10分钟

所需装备：蔬果切片机或者食品加工机、削皮器或刨丝器、碗

2根大胡萝卜

2汤匙蛋黄酱

2汤匙鲜奶油

3汤匙扎达尔※

200克（7盎司）
生甜菜根（甜菜）

※一种中东的牛至属香料。

首先，用蔬果切片机或者食品加工机将甜菜根刨成丝状，放入碗中，加入蛋黄酱、鲜奶油和扎达尔，轻轻搅拌均匀。最后放入适量盐和新鲜的黑胡椒粉调味即可。建议在菜品做好后立即食用或者冷藏起来，待味道更加浓郁后再取出食用。

鹰嘴豆沙拉

2人份的头道菜/所需时间：5分钟

所需装备：沙拉盘、滤锅

1个红皮洋葱

1小捆欧芹

400克（14盎司）
罐装鹰嘴豆

½一1茶匙小茴香粉

1汤匙柠檬汁

首先将洋葱切碎，放入沙拉盘中，撒上柠檬汁和稍多的海盐片，轻轻搅拌好后备用。再将欧芹粗略切碎，放入碗中。

接着，先将鹰嘴豆罐头中的汁液沥干，然后将鹰嘴豆冲洗干净，随后再将豆子上的水沥干。之后按照个人口味，将小茴香搭配鹰嘴豆一同放入碗中，再加入新鲜的黑胡椒粉和1汤匙特级初榨橄榄油，并搅拌均匀。最后，根据个人口味可再加入一些盐、胡椒粉和柠檬汁，完成后即可享用。

古斯古斯面

4人份的配菜／所需时间：10分钟

所需装备：大耐热碗

1—2汤匙柠檬汁

100克（3½盎司）
菲达奶酪

150克（5½盎司／¾杯）
古斯古斯面

100克（3½盎司／¾杯）
速冻豌豆

1捆薄荷

首先，烧一壶约500毫升（17液量盎司/2杯）的开水。同时将薄荷叶粗略切碎，将奶酪切成小块。随后，将古斯古斯面倒入碗中，再倒入烧好的开水、豌豆和适量的海盐，搅拌均匀后用保鲜膜包好，放在一边焖5分钟。

随后加入薄荷叶、1汤匙特级初榨橄榄油、1汤匙柠檬汁、盐和胡椒粉，用叉子搅拌均匀。最后按个人口味可以再加入一些柠檬汁、盐和胡椒粉，调味后即可享用。食用时再撒上一些菲达奶酪，口味更佳。

杜卡配烤**宝石生菜**

2人份的头道菜 / 所需时间：10分钟

所需装备：烤盘或者大煎锅、大蒜压碎器、糕点刷、餐盘

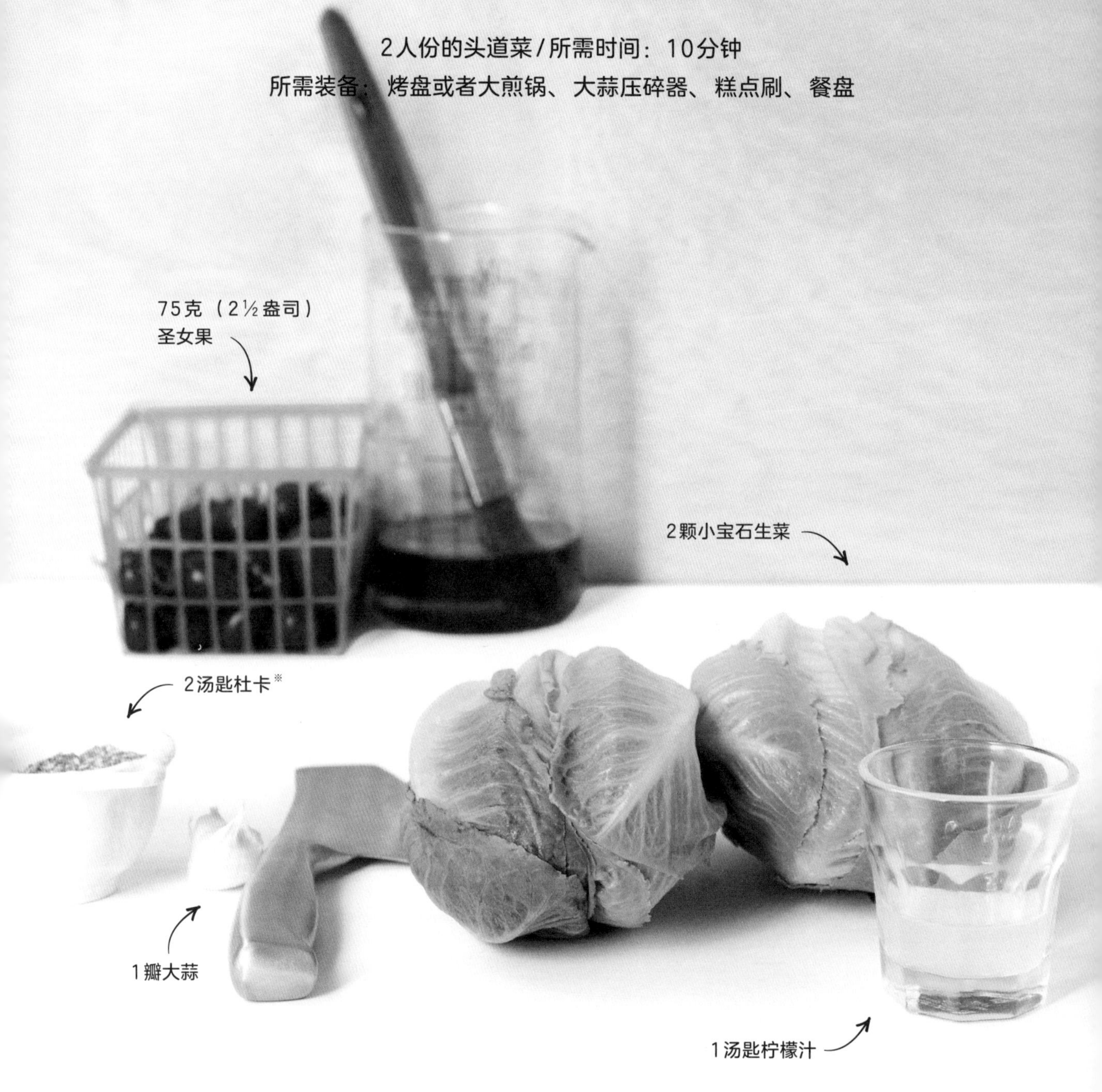

75克（2½盎司）
圣女果

2颗小宝石生菜

2汤匙杜卡※

1瓣大蒜

1汤匙柠檬汁

※一种埃及食物，用香草和坚果混合而成。

首先，将烤盘或者煎锅放到大火上加热。同时，将大蒜压碎并与3汤匙特级初榨橄榄油、盐和胡椒粉搅拌均匀，然后放到一边备用。

接着，将宝石生菜纵向切成两半，然后在切面上刷上大蒜调料。随后将切面朝下放入煎锅煎2分钟，然后翻面，再煎2分钟。完成后，将生菜放入餐盘。随后将每颗圣女果切成两半放在生菜边。最后，将剩余的调料淋在蔬菜上即可。建议在享用之前撒上杜卡来调味。

布拉塔奶酪**烤桃子**

4人份 / 所需时间：10分钟

所需装备：铺好锡箔的烤盘、餐盘

4个熟桃子

1小盘芝麻菜叶

2团200克（7盎司）
的布拉塔奶酪

1汤匙香醋

首先，将烤架温度调高，然后将准备好的桃子一切为二，取出桃核。随后将切开的桃子再一切为二，然后将桃子放到烤架上，每面烤2分钟，直到桃片开始发焦。

将3茶匙特级初榨橄榄油、香醋、盐和胡椒粉倒入碗中搅拌均匀。随后将奶酪切碎，并与烤好的桃子一同放入餐盘，最后撒上芝麻菜和调味料即可。建议完成后立即食用。

布拉塔奶酪的变化食谱

2人份

如果您想尝试一些不一样的配方，那么可以试试接下来的这些搭配。

这些都是本书第92、93页布拉塔奶酪烤桃子配方的变化版。

2汤匙橙汁

100克（3½盎司）芦笋尖

2汤匙黄油

2瓣大蒜

1½汤匙胡荽子

2汤匙胡荽碎（香菜）

胡荽配橙汁

    首先，将胡荽子倒入热锅中加热2分钟，然后倒入研钵中磨碎。再将切好的胡荽叶、橙汁和2茶匙橄榄油搅拌均匀，在搅拌的过程中，慢慢撒入磨碎的胡荽子。最后将2团200克（7盎司）布拉塔奶酪切片后放入餐盘，最后将准备好的橙汁调料淋在桃子上即可享用。

蒜味黄油配芦笋

    首先，在煎锅中加热1汤匙橄榄油，然后放入芦笋。接着，调至高火后将芦笋翻炒2—3分钟直至其变成翠绿色。随后将火调小，加入切成薄片的大蒜和黄油，再炒1分钟。最后将2团200克（7盎司）布拉塔奶酪切片，与制作好的芦笋一起放在桃肉片上即可享用。

薄荷酱蚕豆

首先，烧一壶盐开水。待水烧开后，将蚕豆倒入水中煮4分钟，待蚕豆变软即可。同时，在碗中加入3茶匙特级初榨橄榄油、柠檬汁、碎薄荷叶、盐和胡椒粉进行搅拌。

蚕豆煮好后，将水沥干，再用冷水冲洗一遍，然后将准备好的调料淋在蚕豆上。最后将2团200克（7盎司）布拉塔奶酪切片与蚕豆和调料一同撒到桃子上即可享用。

100克（3½盎司/½杯）
速冻去壳蚕豆

1汤匙柠檬汁

30克（1盎司½杯）
面包碎

2茶匙牛至叶碎

2茶匙柠檬皮碎

10片薄荷叶

2瓣大蒜

牛至叶面包碎

首先，在煎锅中加入1汤匙橄榄油并加热，随后将准备好的面包碎和压碎的大蒜放入锅中，再将火调至中火，油炸2分钟，待面包碎变成金黄色即可。

炸好后，将面包碎和大蒜倒入碗中，再加入牛至叶和柠檬皮碎，并搅拌均匀。最后将2团200克（7盎司）布拉塔奶酪切片，放到烤好的桃肉片上，撒上面包碎，再淋上一些特级初榨橄榄油即可享用。

烤辣椒汤

2人份/所需时间：10分钟

所需装备：大煎锅、搅拌器

250克（9盎司）沥干的罐装烤辣椒，
外加2汤匙罐头中的油

1个洋葱

2瓣大蒜

5片罗勒叶

足够做出400毫升
（14液量盎司/1½杯）
汤的蔬菜固体浓汤块或者汤粉

首先，在水壶中烧400毫升开水。同时，把洋葱和大蒜切块，从辣椒罐头中取出2汤匙辣椒油倒入锅中加热。再倒入洋葱和大蒜翻炒5分钟。然后，将辣椒切碎后倒入锅中，搅拌均匀。

搅拌好后，将烧好的开水倒入锅中，放入准备好的汤料并搅拌，再加入盐和胡椒粉调味。

完成后，将汤和牛至叶倒入搅拌器中，搅拌至适当的稠度，最后再根据个人口味加入开水、盐和胡椒粉调味。搭配面包、黄油，趁热或冷藏后享用均可。

辣椒**牛肉汤**

2人份 / 所需时间：10分钟

所需装备：烤盘、炖锅

足够做出500毫升
（17液量盎司/2杯）
汤的牛肉固体浓汤块或者汤粉

是拉差辣椒酱或者其
他辣椒酱，可以按照
个人口味选择

120克（4盎司）
新鲜或者干鸡蛋面

250克（9盎司）
牛里脊或者肋眼
牛排（肉眼牛排）

2根小葱（青葱）

首先，在水壶中烧开500毫升（17液量盎司/2杯）水。然后将火调到大火，放上烤盘加热，同时，将小葱切碎。然后在牛排上刷上一层植物油并撒上足量的盐和黑胡椒粉调味。

随后，将开水倒入炖锅中，再加入固体浓汤块、小葱、面条和是拉差辣椒酱，搅拌均匀后，盖上盖子，用小火慢炖。

接着，将牛排放入烤盘中烤3—4分钟，或者按照个人喜好调整烤制时间。注意，每30秒钟要将牛排翻一次面。烤好后用锡箔纸松松地包裹起来，放在一边备用。

最后，将汤和面条盛入碗中，打开锡箔纸，将牛排切块后放入碗中即可享用。

豆腐味噌汤

2人份 / 所需时间：10分钟

所需装备：炖锅、小碗

2茶匙鱼汤冲剂

100克（3½盎司）
嫩豆腐

2汤匙味噌酱

2根小葱（青葱）

首先，在水壶中烧开500毫升（17液量盎司/2杯）水。同时，将小葱切碎，将豆腐块切成长1厘米（½英寸）的方块。

然后，将开水倒入锅中，并加入鱼汤冲剂，将火调至中火并不断搅拌，直到鱼汤冲剂完全融化。随后将切好的小葱和豆腐倒入锅中煨1分钟，将豆腐彻底煮熟。

随后，将味噌酱和2汤匙烧好的鱼汤倒入一个小碗中，搅拌均匀，最后再倒入锅中，将食材搅拌均匀即可，建议制作完成趁热享用。

豌豆火腿汤

4人份 / 所需时间：6分钟

所需装备：大炖锅、搅拌器

400克（14盎司/3杯）
速冻青豌豆

3茶匙鲜奶油

100克（3½盎司）火腿

足够制作600毫升
（21液量盎司/2½杯）
汤的鸡肉固体浓汤块或者汤粉

首先，在水壶中烧开600毫升（21液量盎司/2½杯）水，随后将开水倒入炖锅中，并加入准备好的固体浓汤块或者汤粉、青豌豆和薄荷叶，煮4分钟。同时，将火腿切成丝状。

　　随后将青豌豆和汤倒入搅拌器中，再加入一半切好的火腿，将食材搅拌均匀。如果感觉汤过于浓稠，可以加些水稀释。

　　搅拌完成后，将汤倒回锅中加热，再加入准备好的奶油，继续搅拌，最后加入盐和胡椒粉调味即可。建议在食用前再加入剩余的火腿。

辣椒汤

2人份 / 所需时间：5分钟

所需装备：搅拌器、炖锅

1罐400克（14盎司）
罐装大红豆

200克（7盎司）
罐装番茄丁

½茶匙小茴香粉

2茶匙烟熏辣椒酱或者
1茶匙烟熏红椒粉

足够制作200毫升
（7液量盎司 / ¾杯）汤的
牛肉固体浓汤块或者汤粉

首先，在水壶中烧开200毫升（7液量盎司）水，将所有准备好的食材放入搅拌器中，再倒入烧好的开水，搅拌均匀。最后将搅拌好的食材倒入锅中用中火加热，加热完成后即可享用。

花椰菜玛莎拉汤

4人份 / 所需时间：10分钟

所需装备：乳酪磨碎器、大炖锅、搅拌器

450克（1磅）花椰菜

足够制作1升（35液量盎司 / 4杯）汤的蔬菜固体浓汤块或者汤粉

3汤匙厚奶油（高脂厚奶油）

1汤匙格拉姆玛莎拉※

※一种来自印度北部的混合型香辛料。

首先，在水壶中烧开1升（35液量盎司/4杯）水，同时将花椰菜磨碎。在炖锅中用中火加热2汤匙橄榄油，再加入花椰菜和格拉姆玛莎拉炖几分钟，边炖边搅拌，直至花椰菜变软即可，但注意不能让其变色。

随后将开水倒入锅中，加入准备好的固体浓汤块或者汤粉，然后再煮5分钟。

煮好后，将整锅汤倒入搅拌器中搅拌均匀，然后将汤倒回锅中，并按照个人口味加入奶油、盐和胡椒粉调味，再以小火加热，完成后即可享用，搭配面包，口味更佳。

意大利白豆汤

2人份 / 所需时间：5分钟

所需装备：搅拌器、炖锅

2汤匙芝麻酱

2罐400克（14盎司）
罐装意大利白豆

2瓣大蒜

足够制作400毫升（14液量
盎司 / 1½ 杯）汤的蔬菜固体
浓汤块或者汤粉

1茶匙摩洛哥混合香料※

※ 是一种流行于摩洛哥和邻近北非各国的混合香料。它可谓是最为复杂的传统香料组合，一般都
会包括十几种乃至数十种不同的香料。

首先，在水壶中烧开400毫升（14液量盎司/1½杯）水。

然后将罐装白豆中的油汁沥干，并保留2汤匙的油汁备用。

随后在搅拌器中倒入白豆、300毫升（10½液量盎司/1¼杯）开水、固体浓汤料、大蒜、芝麻酱、摩洛哥混合香料和2汤匙特级初榨橄榄油以及保留的白豆油汁，随后搅拌均匀。再加入足量盐和胡椒粉调味。如果感觉汤汁太稠的话，可以再加入一些开水稀释。

最后将搅拌好的汤汁倒入炖锅中，以中火加热，再根据个人口味调味。建议趁热食用。

奶油鳄梨汤

2人份的主菜（或4人份的头道菜）/所需时间：5分钟

所需装备：搅拌器

150克（5½盎司/¾杯）
罐装玉米粒

塔巴斯科辣椒酱，
可按照个人喜好添加

75毫升（2½
液量盎司/⅓杯）
酸橙汁

2个熟鳄梨

240毫升（8液量
盎司/1杯）椰奶

首先，将鳄梨果肉挖出，同玉米粒、椰奶、酸橙汁、塔巴斯科辣椒酱、380毫升（13液量盎司/1½杯）冷水及足量盐和胡椒粉一并放入搅拌器中。搅拌均匀后，如果觉得汤汁太浓稠，可以加入一些水稀释，再根据个人口味调味即可。

　　建议在享用前加入冰块，要是时间充足的话，可以放入冰箱冷藏一段时间，口味更佳。

番茄面包汤

2人或4人份 / 所需时间：10分钟

所需装备：1个中型碗和1个大碗、搅拌器、筛子

80克（3盎司）
陈白面包

3汤匙白杏仁片

2瓣大蒜

索拉纳火腿，
用来做配菜

1千克（2磅4盎司）
熟番茄

首先，将面包撕成小块，放入一个中型碗里，倒入冷水后备用。将番茄和大蒜粗略切碎后放入食品加工机或者搅拌器中，再加入杏仁，搅拌均匀。

　　随后，将筛子放在大碗上，然后将食品加工机里的食物倒入筛子中，用勺背挤压食物，让汤汁流入碗中。丢弃残渣，将碗里的汤汁再倒入搅拌器中，并加入准备好的面包和½汤匙特级初榨橄榄油、½茶匙海盐片，再次搅拌均匀。如果觉得汤汁太稠，可以再加一些水稀释。如果时间充足，建议冷却后再享用，食用前可以将准备好的索拉纳火腿切碎后撒在汤上。

薄荷黄瓜汤

2人份／所需时间：8分钟

所需装备：煎锅、搅拌器、5块冰块（可多准备些冰块，用于点缀菜品）

4根小葱（青葱）

5片薄荷叶

400克（14盎司）黄瓜

3大汤匙希腊式酸奶

1瓣大蒜

首先，将黄瓜削皮，粗略切碎，再将小葱和大蒜切片。在煎锅中倒入1—2汤匙橄榄油，将食材倒入锅中炒2分钟左右，待食材变软即可。然后加入海盐片和新鲜黑胡椒粉调味。

　　随后，将其倒入搅拌器中，再加入薄荷叶和5块冰块，搅拌均匀，或达到你理想的稠度即可。最后加入酸奶再次搅拌即可。食用前可以再加点冰块，口味更佳。

简易蔬菜汤

4人份 / 所需时间：10分钟

所需装备：大平底锅（带锅盖）、大蒜压碎器

少量干椎茸或者牛肝菌菇

足够制作1.5升（52液量
盎司/6杯）汤的蔬菜固体
浓汤块或者汤粉

3瓣大蒜

1根中型韭葱

2根胡萝卜

首先，烧开一壶1.5升（52液量盎司/6杯）的水。随后，在锅中倒入2汤匙橄榄油，并将火力调至中火。将胡萝卜削皮，切成小块，放入锅中与橄榄油搅拌。随后再将韭葱切细，将大蒜压碎，放入锅中搅拌，翻炒2分钟左右即可。

　　接着，将开水倒入锅中，再放入固体浓汤块和准备好的蘑菇并搅拌均匀，煮5分钟，再根据个人口味调味后即可享用。

蔬菜汤的变化食谱

4人份
如果您想尝试一些不一样的配方，那么可以试试接下来的这些搭配。
这些都是本书第116、117页蔬菜汤配方的变化版。

150克（5½盎司）米线

1½茶匙哈里
萨辣椒酱

辣味蔬菜汤

在煮蔬菜汤的过程中，加入固体浓汤料
时，一同放入哈里萨辣椒酱并搅拌均匀即可。

米线蔬菜汤

在煮蔬菜汤的过程中，加入固体浓汤料
时，一同放入米线并煮熟后即可享用。

400克（14盎司）沥干的罐
装豆类，比如黑豆、意大利
白豆、酸果蔓豆或者芸豆

2汤匙烤松子仁

2汤匙切碎的欧芹

1整个柠檬皮碎

松子格雷莫拉塔※

将切碎的欧芹、柠檬皮和烤松子仁混合在
一起搅拌均匀，然后撒到蔬菜汤上即可享用。

大豆蔬菜汤

在蔬菜汤的制作过程中，将蘑菇和大豆
一同放入锅中。因为煮大豆中含有较多盐和
胡椒粉，所以请根据个人口味调味。

※一种意大利调味料，主要由柠檬皮，大蒜和欧芹作成。

第3章

意大利面

基础番茄酱意面

4人份 / 所需时间：10分钟
所需装备：大煎锅、大炖锅、篦式漏勺

400克（14盎司）
新鲜通心粉

500克（1磅2盎司/2杯）
番茄酱（番茄糊）

2瓣大蒜

几片罗勒叶

首先，烧好一壶开水。用小火加热煎锅，同时，将大蒜剥皮并压碎。将开水倒入炖锅中，再将意面放入锅中。按照意面外包装上的说明来操作。煮好后，将水沥干，撒上一些橄榄油后，放在一边备用。

同时，在煎锅中加入2汤匙橄榄油，放入大蒜以中火油煎，并持续翻动，直到大蒜开始变色。然后用篦式漏勺将大蒜盛出并扔掉。接着往煎锅中倒入番茄糊，不断搅拌至糊中的水分开始蒸发，番茄糊变浓稠。接着往锅中撒入足量的海盐片和胡椒粉调味。最后，将罗勒叶撕成小片撒入番茄酱汁中，并将酱汁浇到通心粉上即可享用。

番茄酱意面的变化食谱

4人份

如果您想尝试一些不一样的配方，那么可以试试接下来的这些搭配。

这些都是本书第122、123页番茄酱意面配方的变化版。

¼茶匙辣椒碎
（可多准备些备用）

40克（1½盎司/⅓杯）乌榄

4条油浸凤尾鱼

4个鸡蛋

1—2茶匙干红椒酱，是拉差辣椒酱
或者其他辣椒酱

牧场鸡蛋配意面

首先，按照之前介绍的方法制作番茄酱意面。用辣椒酱代替罗勒叶，倒在番茄酱中搅拌。然后，在锅中打一个鸡蛋，并用中火煎2分钟，盖上盖子后，将火调小，再煎1—2分钟，确保蛋白彻底凝固的同时蛋黄依旧松软。

辣椒片、橄榄和凤尾鱼片配意面

首先，按照之前书上介绍的方法制作番茄酱意面。制作过程中，将切碎的凤尾鱼片和大蒜放入酱汁中，再加入切好的乌榄和辣椒碎。最后将准备好的酱汁倒入锅中煮上几分钟，再浇在意面上即可。

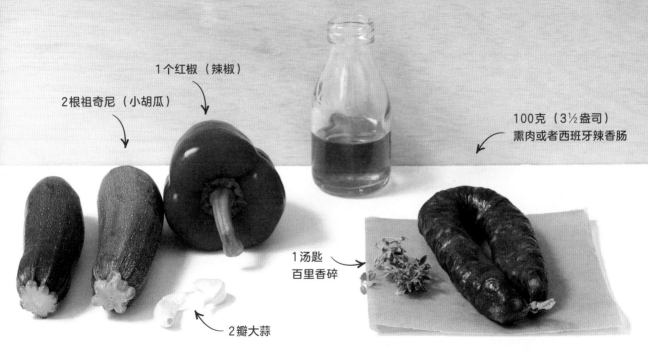

2根祖奇尼（小胡瓜）

1个红椒（辣椒）

100克（3½盎司）
熏肉或者西班牙辣香肠

1汤匙
百里香碎

2瓣大蒜

番茄酱炖菜配意面

首先，将祖奇尼、辣椒和大蒜切成薄片，然后在煎锅中倒入2汤匙橄榄油，再将切好的食材放入锅中煎炒至变软。然后，在锅中倒入500克（1磅2盎司/2杯）番茄酱（番茄糊），然后按着书上第122、123页的介绍制作番茄酱汁，但是别将油煎过的大蒜扔掉。这道菜既可以搭配意面，也可以搭配鱼和鸡肉一起享用。

熏肉、西班牙辣香肠配意面

首先，在锅中加入少量橄榄油，然后将熏肉或者西班牙辣香肠切片后放入锅中，油煎至边缘变脆。然后将大蒜放入锅中煸炒1分钟。再加入500克（1磅2盎司/2杯）番茄酱（番茄糊）、百里香碎、盐和胡椒粉，炖上几分钟，最后浇在意面上即可享用。

125

意式干酪沙司细面

2人份/所需时间：10分钟

所需装备：乳酪磨碎器、搅拌钵、大炖锅、煎锅

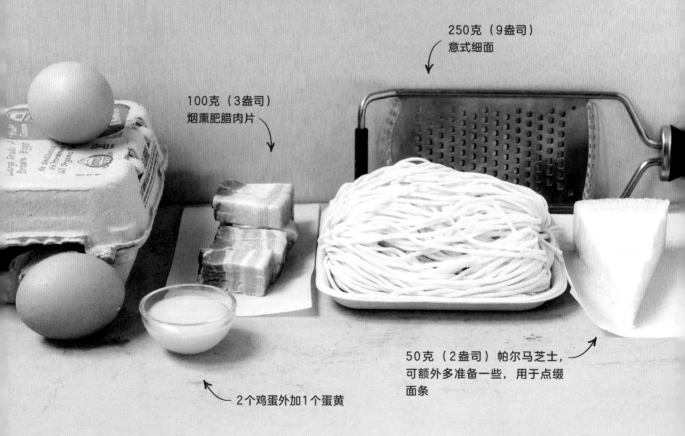

250克（9盎司）
意式细面

100克（3盎司）
烟熏肥腊肉片

50克（2盎司）帕尔马芝士，
可额外多准备一些，用于点缀
面条

2个鸡蛋外加1个蛋黄

首先，烧好一壶开水。同时，将磨碎的帕尔马干酪、鸡蛋、蛋黄倒入碗中搅拌。搅拌好后再加入一些辣椒粉调味。

　　然后，将开水倒入炖锅中，加入足量细海盐，再倒入意式细面条，面条的烹饪方式按照面条包装上的说明来操作。煮好后，将水沥干，注意，先盛几匙汤到别的碗里，再加入一些橄榄油，放在一边备用。

　　在煎锅中加入1汤匙橄榄油，将烟熏肥腊肉放入锅中，油煎至腊肉边缘变脆。然后将腊肉、预留的面汤倒入锅中，并搅拌均匀。再将搅拌好的鸡蛋酱汁倒入锅中，以小火加热，并不断搅拌，直至鸡蛋酱汁变浓稠即可。建议趁热食用，将剩余的帕尔马干酪撒在意面上享用，口感更佳。

鳄梨香葱沙司土豆团子

2人份 / 所需时间：6分钟

所需装备：食物加工机或者搅拌器、大炖锅

1个熟鳄梨

35克（1盎司/¼杯）
松子仁

几片罗勒叶

400克（14盎司）
土豆团子

1—2瓣大蒜

首先，烧好一壶开水，大蒜去皮后放入食品加工机或搅拌器中，再加入鳄梨果肉、松子仁、罗勒叶、1½汤匙特级初榨橄榄油、盐和黑胡椒粉，搅拌至均匀即可。

　　随后，将开水倒入炖锅中，加入足量的海盐来调味，然后将土豆团子倒入锅中，烹饪方式按照土豆团子外包装上的说明操作。煮好将水沥干后，倒入碗中。最后倒入之前准备好的鳄梨酱汁，再淋些特级初榨橄榄油，搅拌均匀后即可享用。

意式柠檬里科塔芝士宽面

2人份/所需时间：5分钟

所需装备：乳酪磨碎器、大炖锅、煎锅、滤锅

250克（9盎司）
新鲜的意式宽面

1个柠檬

150克（5½盎司）
里科塔芝士

1瓣大蒜

几片罗勒叶

首先，烧好一壶开水。同时，将大蒜切成薄片，再将柠檬皮磨碎。随后将开水倒入炖锅中，并加入足量海盐用来调味，再倒入意面，烹饪方式可以按照外包装上的说明来操作。煮好面条后，将水沥干。注意，先盛一些面汤在其他碗里，面条撒上一些橄榄油，放在一边备用。

　　同时，将柠檬皮，里科塔芝士和现榨的柠檬汁一起放在碗里，搅拌均匀。然后在煎锅中加入1汤匙橄榄油，将大蒜放入锅中油煎至金黄色，即可将火关闭。接着将准备好的意面倒入煎锅中轻轻搅拌，再倒入搅拌好的芝士酱和面汤，将火力调至中低火后，边煮边搅拌，待锅中汤汁变稠即可。随后加入盐和胡椒粉来调味，最后将切碎的罗勒叶撒在面上即可享用，建议做好后趁热食用。

沙丁鱼、松子仁、葡萄干配意面

2人份／所需时间：10分钟

所需装备：大蒜压碎器、煎锅、大炖锅、滤锅

500克（1磅2盎司）
新鲜的意式细面

2汤匙葡萄干

2瓣大蒜

2汤匙松子仁

150克（5½盎司）
罐装沙丁鱼（去汁重量）

首先，烧好一壶开水的同时，将大蒜压碎，再用中高火加热煎锅。将开水倒入锅中，并放入足量海盐来调味。随后将意面放入锅中，烹饪方式可以按照面条外包装上的说明来操作。煮好后，先盛一些面汤到碗里，再在面条上撒一些橄榄油，放到一边备用。

　　同时，从沙丁鱼罐头中盛2汤匙油倒入煎锅中并加热，放入大蒜，炸至散发出香味，再将沙丁鱼倒入锅中，并用勺子将鱼捣碎。随后将火力调至小火，加入松子仁和葡萄干。待食材加热后，将意面倒入锅中并不断翻搅，最后倒入预留的面汤让面条松散开来即可，建议完成后趁热享用。

龙嵩蛤蜊意面

4人份 / 所需时间：10分钟

所需装备：2个大炖锅（其中一个带盖子）

250毫升（9液量盎司/1杯）
白葡萄酒

1千克（2磅4盎司）
带壳小蛤蜊

3瓣大蒜

500克（1磅2盎司）
新鲜的意式细面

几片龙嵩叶

首先，烧一壶开水，同时，将大蒜和龙嵩叶切碎。将开水倒入无盖炖锅中，撒入足量海盐来调味，再将意面倒入锅中，烹饪方法可以按照意面外包装上的说明来操作。煮好后，将水沥干，并在面条上淋一些橄榄油，放在一边备用。

　　然后，在有盖的炖锅中倒入3汤匙橄榄油，将大蒜放入锅中油炸至散发出香味，将蛤蜊和白葡萄酒倒入锅中。盖上盖子煮4分钟，不断晃动锅子直到大多数蛤蜊都打开，并将壳依旧没有打开的蛤蜊扔掉。再加入煮好的意面、龙嵩叶、盐和胡椒粉，搅拌均匀，然后将汤汁倒在面条上即可享用。

卡沃洛尼禄炖粒粒面

4人份/所需时间：10分钟
所需装备：大炖锅

200克（7盎司）番茄

足够做出400毫升（14液量
盎司/1½杯）汤的蔬菜固体
浓汤块或者汤粉

200克（7盎司）
粒粒面

75克（2½盎司）
卡沃洛尼禄

1汤匙番茄酱
（浓缩的番茄糊）

首先，烧开1升（35液量盎司/4杯）的水，同时，将卡沃洛尼禄切片，并将番茄粗略地切碎。

接着，倒750毫升（26液量盎司/3杯）开水到炖锅中，再将固体浓汤料、粒粒面、卡沃洛尼禄、切碎的番茄和番茄酱一起倒入锅中，撒上足量盐和胡椒粉来调味。然后将汤煮开，并保持沸腾7—8分钟。为了防止食材粘锅，煮的过程中要不断搅动，待粒粒面煮熟变软，将火关闭即可。如果觉得汤太浓稠的话，可以再加入一些开水稀释。最后根据个人口味调味，之后便就可以享用了。

白汁 ※ 黄油酱意面 ※
（阿尔弗雷德意面）

2人份/所需时间：6分钟

所需装备：1个大炖锅和1个中型炖锅、磨碎器

200毫升（7液量盎司）
厚奶油（高脂浓奶油）

3汤匙黄油

80克（3盎司）
帕尔马干酪

250克（9盎司）
新鲜的黄油酱意面

※白汁，一种调味汁，用面粉、牛奶和黄油做成，可以拌着肉和蔬菜吃。

※特指用干酪，黄油及奶油等酱汁调拌而成的意大利宽长面条。

首先，烧开一壶水。将开水倒入大炖锅中，然后将黄油酱意面倒入锅中，并加入足量海盐来调味。意面的烹饪方法按照外包装上的说明来操作。煮好后将水沥干，在意面上撒上橄榄油，放到一边备用。

　　同时，将准备好的黄油和奶油倒入中型炖锅中，以中小火加热融化，搅拌均匀后，将火关闭。然后将帕尔马干酪磨碎，倒入混合物中。以小火加热并不断搅拌至干酪融化，再加入盐和胡椒粉调味。最后，将制作好的白汁调味料撒到到面条上，并与面条搅拌均匀后即可享用。建议制作完成后趁热享用。

白汁黄油酱意面的变化食谱

2人份

如果您想尝试一些不一样的配方，那么可以试试接下来的这些搭配。

这些都是本书第138、139页白汁（阿尔弗雷德意面）配方的变化版。

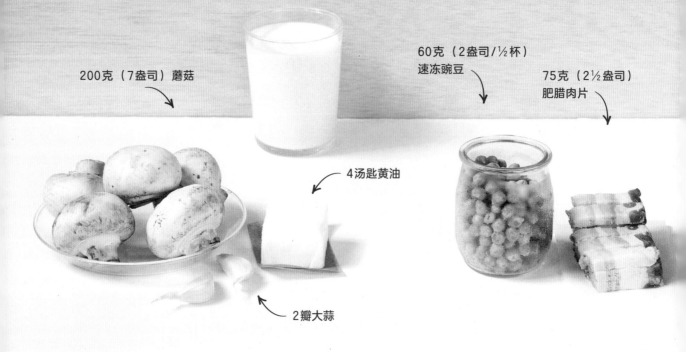

200克（7盎司）蘑菇

60克（2盎司/½杯）
速冻豌豆

75克（2½盎司）
肥腊肉片

4汤匙黄油

2瓣大蒜

蘑菇白汁

首先，按照之前书上介绍的做法将白汁做好，再将蘑菇切片，压碎大蒜。将蘑菇、大蒜和黄油倒入锅中翻炒3分钟，待蘑菇变软后将火关闭。然后将其倒入做好的白汁中即可。

腊肉、豌豆配白汁

首先，按照之前书上介绍的做法将白汁做好，然后将速冻豌豆放入白汁中以小火加热，并不断搅拌，待豌豆变软后将火关闭，放到一边备用。随后将腊肉油煎至变脆，然后倒入白汁中就完成了。

300克（10½盎司）
烟熏三文鱼

80克（3盎司/2杯）
嫩英国菠菜叶

1汤匙莳萝碎

烟熏三文鱼白汁

首先，按照之前书上介绍的做法将白汁做好，然后将切成小块的烟熏三文鱼放到白汁里，再加入切碎的莳萝，并不断搅拌，最后再加入适量盐和黑胡椒粉调味即可。

菠菜白汁

首先，按照之前书上介绍的做法将白汁做好，然后将嫩菠菜叶粗略切碎后放入白汁中，再用小火煮1—2分钟，煮的时候要不断搅拌直到菠菜变软。如果喜欢肉豆蔻，可以放些进去调味。

辣椒羊酪意面

4人份/所需时间：8分钟
所需装备：大炖锅、煎锅

400克（14盎司）
浸油辣椒

500克（1磅2盎司）
新鲜的黄油酱汁意面
或者蝴蝶结面

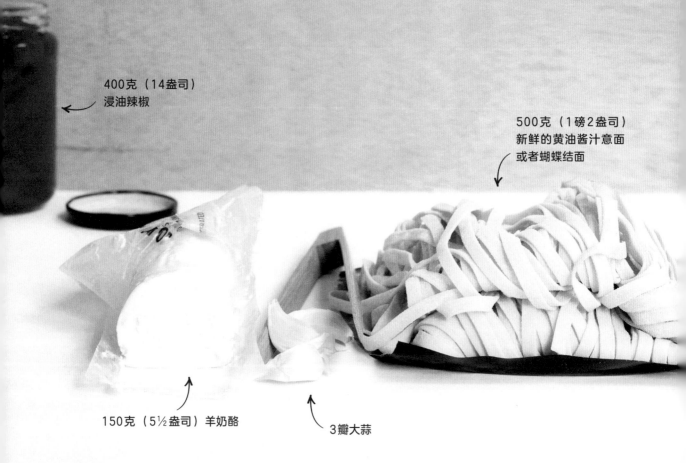

150克（5½盎司）羊奶酪

3瓣大蒜

首先，烧开一壶水。同时，将辣椒罐头中的油沥干，并将油倒入一个碗中备用。然后将辣椒粗略切碎，并压碎大蒜。

随后，将开水倒入炖锅中，再撒入足量细海盐调味，然后将意面倒入锅中，烹饪方法按照外包装说明操作即可。意面煮好后沥干，加入一些预留的辣椒油，然后放在一边。

同时，将辣椒和大蒜放到煎锅里，以中大火翻炒至发出香味并炒熟，随后将火关闭，倒入煮好的意面，搅拌均匀。最后淋上一些辣椒油，让黏在一起的面松散开来。建议煮好后趁热享用，享用之前可以将羊酪切碎后撒在面条上，口味更佳。

蒜味面包碎拌意式细面

4人份 / 所需时间：10分钟
所需装备：大炖锅、煎锅、小炖锅

200克（7盎司/3杯）
面包碎

8条油浸凤尾鱼片

500克（1磅2盎司）
新鲜的意式细面

辣椒油或者辣椒片

4瓣大蒜

首先，烧开一壶水，同时，将凤尾鱼片切碎，大蒜切片。然后将开水倒入大炖锅中，并加入足量细海盐调味。随后，将意面倒入锅中，烹饪方法按照外包装上的说明操作即可。意面煮好后，将水沥干，并在面条上撒一些橄榄油放到一边备用。与此同时，将煎锅以小火加热，将面包碎倒入锅中翻炒，不断晃动煎锅，待面包碎炒至金黄色即可。然后，放在一边备用。

　　接着，在小炖锅中倒入4汤匙橄榄油并以中小火加热，再将凤尾鱼和大蒜倒入锅中煎炸，炸至凤尾鱼肉变松软，大蒜散发出香味即可。然后倒入面包碎，再加入一些橄榄油，搅拌均匀。在享用时可以将做好的酱料浇在面条上，再配上一些辣椒片或辣椒油。

金枪鱼酸豆意面

4人份 / 所需时间：10分钟

所需装备：大炖锅、滤锅、煎锅

4个大小适中的熟番茄

2汤匙酸豆

300克（10½盎司）
罐装盐水金枪鱼

4片油浸凤尾鱼片

400克（14盎司）
新鲜的意式宽面

首先，烧开一壶水，同时将凤尾鱼片粗略切碎，再将番茄切丁。然后，将开水倒入炖锅中，加入足量细海盐调味，并加入意面。意面的烹饪方式按照外包装上的说明来操作即可。意面煮好之后，先盛出两汤匙面汤在一个小碗里备用。接着，将意面沥干，再撒一些橄榄油，放在一边备用。

　　同时，在煎锅中倒入2汤匙橄榄油并以中火加热，然后，将凤尾鱼肉放入锅中煎炸，炸至鱼肉变松软即可。随后，将火调大，再将沥干的金枪鱼肉倒入锅中煎炸，并不断搅拌。1分钟后，将切好的番茄倒入锅中炒制几分钟。待番茄熟透之后，再倒入酸豆并搅拌均匀。

　　最后，将煮好的意面倒入煎锅中，再撒上一些面汤，淋一些橄榄油在上面即可。

147

茴香腊肠通心粉

4人份 / 所需时间：10分钟

所需装备：大炖锅、煎锅、滤锅

500克（1磅2盎司）
番茄酱（番茄糊）

500克（1磅2盎司）
新鲜的通心粉

8根蒜味或者
图卢兹香肠

2汤匙小茴香子

2汤匙厚奶油
（高脂浓奶油）

首先，煮一壶开水，然后将开水倒入大锅中，加入足量细盐调味，再将通心粉倒入锅中，烹饪方式按照外包装上的说明操作即可。将水沥干后，撒上一些橄榄油，放在一边备用。

　　然后，将肠肉从肠衣中挤出，在煎锅中倒入2汤匙橄榄油，将肠肉倒入锅中用大火煎炸，同时用勺子捣碎肠肉并不断搅拌，这样可以将肠肉中的汁液和脂肪都过滤掉。当肉色变深至棕黄色时，倒入小茴香子，不断搅拌至散发出香味即可。随后，倒入番茄酱继续搅拌，待番茄酱加热充分即可将火关闭。再倒入奶油并搅拌均匀，随后撒上盐和胡椒粉调味。最后，将做好的酱料浇在意面上，搅拌均匀后即可享用。建议制作完成后趁热食用，撒上帕尔马干酪和切碎的欧芹，口味更佳。

肉汤意式馄饨

4人份 / 所需时间：5分钟

所需装备：大炖锅、蔬菜去皮器

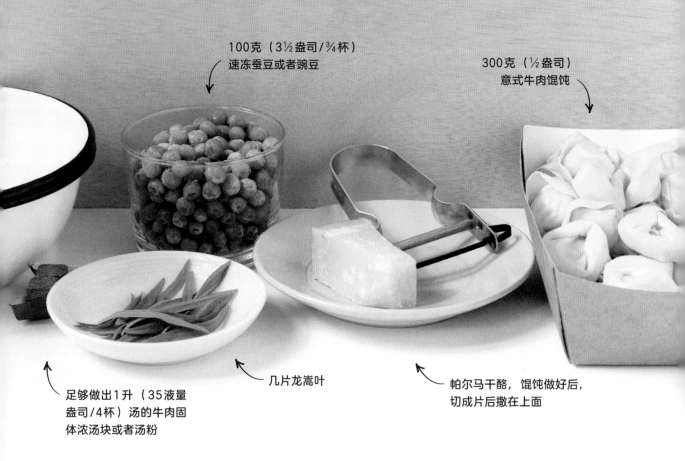

100克（3½盎司 / ¾杯）
速冻蚕豆或者豌豆

300克（½盎司）
意式牛肉馄饨

足够做出1升（35液量
盎司 / 4杯）汤的牛肉固
体浓汤块或者汤粉

几片龙嵩叶

帕尔马干酪，馄饨做好后，
切成片后撒在上面

首先，烧好1升（35液量盎司/4杯）的开水，然后将牛肉固体浓汤料或汤粉倒入锅中，再将开水倒入锅中。将火打开，火力调至中火，不断搅拌汤料，直到汤料融化。随后，倒入馄饨、蚕豆或豌豆、龙嵩叶炖煮2—3分钟，待馄饨煮熟即可。建议趁热享用，食用前可以在馄饨上放几片切好的帕尔马干酪，口味更佳。

大蒜黑胡椒配**奶酪粒粒面**

4人份／所需时间：10分钟

所需装备：大蒜压碎器、乳酪磨碎器、煎锅、炖锅

400克（14盎司）
粒粒面

足够做出800毫升（28液量
盎司／3½杯）汤的蔬菜固体
浓汤块或者汤粉

2—3瓣大蒜

4汤匙黄油

150克（5½盎司）切达干酪、
瑞士多孔奶酪、帕尔马干酪或者
其他奶酪

首先，烧开800毫升（28液量盎司/3½杯）的水。同时，将准备好的大蒜压碎，并将奶酪磨碎。然后将开水倒入炖锅中，倒入粒粒面和固体浓汤料或者汤粉，煮8分钟，煮时要不断搅拌。待粒粒面煮熟，并且汤汁被吸收后将火关闭。同时，将黄油放入煎锅中用小火加热至融化，再倒入大蒜，油煎3分钟，让大蒜变软，但不能变色。大蒜煎好后，放在一边，等粒粒面煮好。

煮好粒粒面后，将蒜味黄油、切碎的混合奶酪和新鲜的黑胡椒粒倒在粒粒面上并搅拌均匀，最后根据个人口味调味即可。建议制作完成后趁热享用。

罗勒香蒜沙司

2人份/所需时间：5分钟

所需装备：研钵及研杵、食品加工机或者搅拌器、摩擦器

50克（2盎司/1杯）
罗勒叶

半个柠檬，可以按照
个人口味多准备一些

50克（2盎司/½杯）
松子仁

2瓣大蒜

50克（2盎司）
帕尔马干酪

首先，将大蒜、罗勒叶、松子仁和柠檬汁放到研钵或者食品加工机中研磨或者搅拌。然后一边磨一边一点一点地加入帕尔马干酪，并每隔一段时间往里倒入一些特级初榨橄榄油，搅拌成油脂丰富的酱汁。然后加入盐和胡椒粉，根据个人喜好，还可以再加一些柠檬汁进去，继续搅拌均匀即可。

罗勒香蒜沙司的变化食谱

2人份
如果您想尝试一些不一样的配方，那么可以试试接下来的这些搭配。
这些都是本书第154、155页罗勒香蒜沙司配方的变化版。

40克（1½盎司/⅓杯）
核桃仁

60克（2盎司/½杯）
去壳烤杏仁

40克（1½盎司/2杯）
平叶欧芹（意大利芹菜）

80克（3盎司/3杯）豆瓣菜

豆瓣菜、核桃仁香蒜沙司

　　首先，将豆瓣菜、核桃仁、1瓣大蒜和柠檬汁放进食品加工机或者研钵中搅拌或者磨碎。再加入50克（2盎司）磨碎的帕尔马干酪继续搅拌，并每隔一段时间倒入一些特级初榨橄榄油，将食材搅拌成一团油脂丰富的酱料，再加入盐和胡椒粉调味即可。

欧芹、杏仁香蒜沙司

　　首先，将杏仁、欧芹、1瓣大蒜和柠檬汁放进食品加工机或者研钵中搅拌或者磨碎。然后加入50克（2盎司）磨碎的帕尔马干酪继续搅拌，并每隔一段时间倒入一些特级初榨橄榄油，将食材搅拌成一团油脂丰富的酱汁，再加入盐和胡椒粉调味即可。

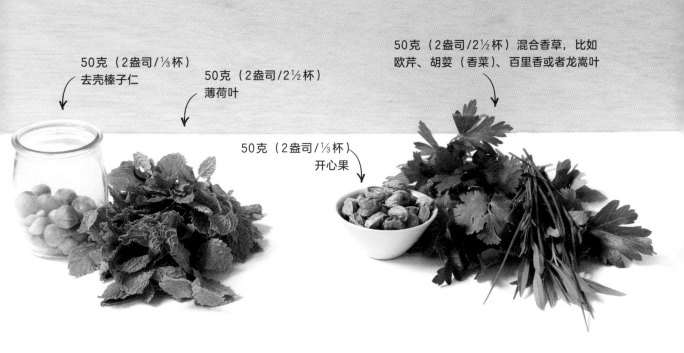

50克（2盎司/⅓杯）
去壳榛子仁

50克（2盎司/2½杯）
薄荷叶

50克（2盎司/2½杯）混合香草，比如
欧芹、胡荽（香菜）、百里香或者龙蒿叶

50克（2盎司/⅓杯）
开心果

薄荷、榛子香蒜沙司

按照书中第154、155页上的介绍来制作罗勒香蒜沙司，制作过程中用薄荷叶代替罗勒叶，用榛子仁代替松子仁即可。

开心果香蒜沙司

按照书上第154、155页上的介绍来制作罗勒香蒜沙司，制作过程中用开心果仁来代替松子仁，用混合香草来代替罗勒叶即可。

第4章

肉类、家禽和鱼类

生牛肉片配松露油蛋黄酱

4人份 / 所需时间：5分钟

所需装备：保鲜膜

50克（2盎司 / ¼ 杯）
蛋黄酱

芝麻菜，菜品做完后
用来撒在牛肉上

300克（10½ 盎司）
牛柳

2茶匙白松露油，或者
根据个人口味选择

1杯鲜榨柠檬汁

首先，将牛肉用保鲜膜包裹平实，放进冰箱冷冻5分钟。同时，将蛋黄酱、松露油、柠檬汁、2汤匙橄榄油、盐和胡椒粉一起倒入碗中，搅拌均匀。

　　然后把牛肉上的保鲜膜撕掉，再用一把锋利的刀把牛肉切成薄片。如果很难切的话，可以在撕下保鲜膜前，先重击几下牛肉，让牛肉松散一些后再切。准备几个盘子，将切好的牛肉片摆放在盘子里。最后把松露油蛋黄酱淋到肉片上，再撒上一些芝麻菜即可。

热炒牛肉

4人份/所需时间：10分钟

所需装备：煎锅或者炒锅

4汤匙海鲜酱

4瓣大蒜

300克（10½盎司）
米线

250克（9盎司）
四季豆

600克（1磅5盎司）牛排，
比如后腿肉、
肋眼牛排（肉眼牛排）
或者牛里脊

首先，将牛排切成细长条，撒上足量盐和胡椒粉调味，放在一边备用。然后，在煎锅或炒锅中倒入2汤匙植物油，加热至油冒出热烟即可。

　　将大蒜切成薄片，再将四季豆倒入热锅中翻炒3分钟。然后，加入牛肉和大蒜，继续翻炒3分钟。随后，加入米线和海鲜酱再翻炒1分钟即可。建议做完之后趁热享用。

铁板五香嫩羊排配豆泥

2人份/所需时间：8分钟

所需装备：煎锅、碗、盘子

2汤匙摩洛哥
混合香料

2汤匙蜂蜜

200克（7盎司/1杯）
鹰嘴豆泥

2汤匙松子仁

2块羊排

首先，将煎锅放到大火上加热。同时，将羊排剁碎成肉丁状放在碗里，再加入摩洛哥混合香料、蜂蜜、1汤匙橄榄油、盐和胡椒粉。随后用手把食材搅拌均匀，以保证羊排肉表面都沾上了调料。拌好后，先将羊排肉放在一边备用。接着，将准备好的鹰嘴豆泥平铺在盘子里，做成边缘凸起、当中凹陷的形状。

　　在煎锅中加入1汤匙橄榄油，再将羊排肉放到锅中煎3—4分钟，待羊排肉煎熟即可。煎炸时，每隔一段时间就要把羊排翻炒一下以免煎糊。最后将羊排肉和汤汁盛到鹰嘴豆泥上，并撒上一些松子仁即可。建议制作完后趁热享用，搭配平叶欧芹（意大利芹菜）和皮塔面包食用口味更佳。

苹果蛋黄酱配**猪排**

2人份 / 所需时间：10分钟

所需装备：大煎锅、小碗

少量绿叶蔬菜

3汤匙蒜泥蛋黄酱 / 蒜味蛋黄酱

3汤匙苹果泥

3汤匙黄油

2块厚猪排

首先，在猪排上撒上足量盐和胡椒粉调味。然后将煎锅放到中火上加热，再将黄油放入锅中加热融化。将黄油煮沸后，放入猪排煎炸，每面各炸4分钟，待猪排彻底炸熟，表面变成金黄色即可。

同时，在小碗中放入苹果泥和蒜味蛋黄酱，并搅拌均匀。再加入盐和胡椒粉调味，将猪排放到餐盘上，搭配拌好的苹果蛋黄酱和绿色蔬菜一起食用口味更佳。

香油芥末煎小牛肝

2人份/所需时间：10分钟

所需装备：煎锅

3汤匙厚奶油
（高脂浓奶油）

1把豆瓣菜

2汤匙香醋

200克（7盎司）
羊或者小牛肝

3根小葱（青葱）

首先，将煎锅放在中高火上加热。同时，将青葱白段切碎成末，并将绿叶部分丢弃。然后，将准备好的肝脏切成长条。接着，在煎锅中倒入2汤匙橄榄油，倒入切好的葱白末，边炸边搅拌，直到把葱白末炸软。然后把肝脏放到锅里，用中火煎炸1分钟左右，待猪肝边缘变成棕黄色，中间呈粉红色的时候，将猪肝翻面。

接着，将火调大，倒入香醋。当锅内的汁液沸腾冒泡时，用勺子刮一下锅底，防止猪肝粘锅，然后再煮30秒。随后，将火力调至中火，将奶油倒入锅中，并不断搅拌，直到汤汁彻底被加热变稠为止。最后，再加入盐和胡椒粉调味即可。建议制作完成后趁热享用，搭配豆瓣菜口味更好。

牛排配黄油蓝纹奶酪

2人份 / 所需时间：8分钟

所需装备：烤盘、碗、烘培纸、锡箔纸

2把芝麻菜

100克（3½盎司）蓝纹
奶酪，比如戈尔根朱勒干
酪或者洛克福羊乳干酪

200克（7盎司）
无盐黄油

2块厚肋眼牛排
（肉眼牛排）

首先，将烤盘放到高火上加热。然后往牛排上撒一点橄榄油，再撒上足量盐和胡椒粉，放在一边备用。接着将半块黄油和整块蓝纹奶酪放到碗里，用叉子捣碎后放在烘焙纸上，卷成香肠状后放入冰箱。

　　接着，将牛排放入烤盘中，每面烤30秒，再将剩余的半块黄油放入烤盘中，继续烤4—5分钟，每半分钟将牛排翻一次面，并刷一层黄油，煎至4分熟即可。然后将牛排用锡箔纸松松地包住。将黄油、蓝纹奶酪混合物切片并放在牛排上，再搭配一些芝麻菜即可。将剩余的黄油全都放到冰箱里备用。

牛排配黄油蓝纹奶酪的变化食谱

2人份

如果您想尝试一些不一样的配方，那么可以试试接下来的这些搭配。

这些都是本书第170、171页牛排配黄油蓝纹奶酪配方的变化版。

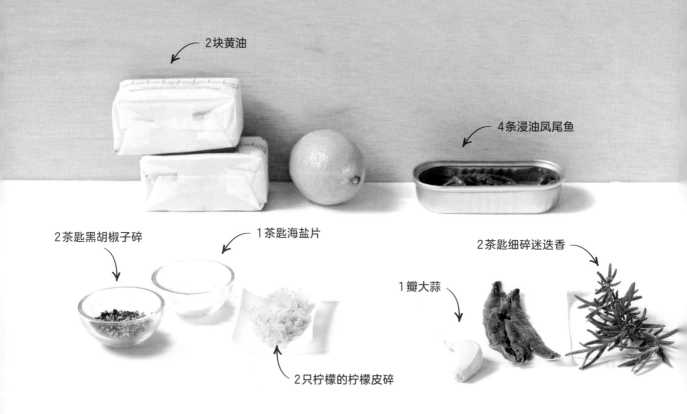

2块黄油

4条浸油凤尾鱼

2茶匙黑胡椒子碎

1茶匙海盐片

2茶匙细碎迷迭香

1瓣大蒜

2只柠檬的柠檬皮碎

柠檬和黑胡椒酱

将200克（7盎司）软化黄油、柠檬皮碎、黑胡椒子碎和海盐片一起放在碗里捣碎，搅拌均匀即可。搭配鱼肉、鸡肉或者猪肉享用口味更佳。

凤尾鱼、大蒜、迷迭香酱

将200克（7盎司）软化黄油、切碎的凤尾鱼片、迷迭香和压碎的大蒜一起放在碗里捣碎，搅拌均匀即可。搭配羊肉或牛肉享用口味更佳。

每份变更食谱可以做出大约200克（7盎司/¾杯）黄油酱料。可以将黄油酱料切成圆片，按照书上第170、171页上处理蓝纹奶酪的方法，用烘焙纸包住，放入冰箱，最多可冷藏4周。

60毫升（2液量盎司/¼杯）苹果果泥

½茶匙海盐片

4个酸橙的酸橙皮碎

20克（¾盎司）红辣椒

1茶匙海盐片

3茶匙第戎芥末酱

苹果芥末酱

将200克（7盎司）软化黄油、苹果果泥、第戎芥末酱和海盐片一起倒入电动搅拌器中，将食材搅拌均匀即可。建议与猪肉搭配享用口味更佳。

辣椒酸橙酱

将200克（7盎司）软化黄油、酸橙皮碎、红辣椒细片和1茶匙海盐片一起放入碗里捣碎，搅拌均匀即可。与鸡肉、鱼肉或者明虾搭配享用口味更佳。

柑橘百里香配鸡肉

2人份/所需时间：10分钟

所需装备：大烤盘或者烤架、保鲜膜、
擀面杖、浅碗、柠檬榨汁机、小碗、搅拌器

1个柠檬

12根芦笋尖或者嫩芦笋

1大块（或者2小块）
去皮无骨鸡胸肉

3根百里香

首先，将烤盘放到中火上加热，或者加热烤架。接着，将鸡肉放在两张保鲜膜中间，再用擀面杖在保鲜膜上来回碾压鸡肉，直到鸡肉变薄，将鸡肉放到浅碗当中。再将榨好的柠檬汁倒到小碗里，再加入百里香叶、1汤匙橄榄油、盐和胡椒粉，并搅拌均匀。然后把调料的¾倒到鸡肉上，并用手不断揉搓，让鸡肉充分吸收调料的味道。接着，在芦笋上淋上一些橄榄油。

随后，将调好味的鸡肉和芦笋放到烤盘或者烤架上烤5分钟。每隔1分钟左右，将鸡肉和芦笋翻一下面，直到鸡肉和芦笋彻底烤熟。接着，将鸡肉切成条状放在浅碗里，放上芦笋，再淋上剩下的调料即可享用。

咖喱鸡肉配印度烤饼

4人份/所需时间：10分钟

所需装备：大煎锅

4张印度烤饼

400毫升（14液量盎司）罐装椰奶

150克（5½盎司/1杯）速冻豌豆

2大块去皮无骨鸡胸肉，大约600克（1磅5盎司）。

3汤匙绿咖喱酱

首先，将烤箱预热至180℃（350℉）。然后，将印度烤饼放在一张烘焙纸上，放进烤箱加热。接着，将灶台或电磁炉调到中高火，在煎锅中倒入2汤匙橄榄油加热。同时，将鸡肉块切成细长条，放到锅中翻炸3分钟。

然后，将咖喱酱、椰奶和豌豆倒入煎锅中，再焖4分钟，待鸡肉彻底焖熟即可。搭配印度烤饼一起享用，风味更佳。

挺举鸡 ※

4人份 / 所需时间：10分钟

所需装备：烤盘、浅碗、钳子

1个红辣椒

1个红皮洋葱

4片墨西哥玉米薄饼

2茶匙挺举辣椒粉

2块去皮无骨鸡胸肉

※ 挺举鸡是一种牙买加烹饪方法，先用一种叫牙买加
挺举辣椒粉的调料将鸡肉腌制，再将食材烤熟。

首先，将烤盘放到高火上加热。接着，将鸡胸肉切成厚度约5毫米（¼英寸）的长条，放入碗中。再将挺举辣椒粉、盐、胡椒粉和2茶匙植物油倒入碗中搅拌均匀，放到一边备用。

　　接着，将洋葱和红辣椒切成长条放到碗中，并与鸡肉搅拌均匀。随后，将拌好的鸡肉和蔬菜放到烤盘上，并不断翻动鸡肉和蔬菜，大约5分钟后，待鸡肉和蔬菜熟透，将其盛到墨西哥玉米薄饼的中心，卷起即可食用。建议搭配新鲜的胡荽和酸橙块一起享用，口味更佳。

越南鸭肉卷

6份鸭肉卷 / 所需时间：10分钟

所需装备：中型锅、滤锅、盛满温水的大碗

1块熏鸭

40克（1½盎司）
粉丝

90毫升
（3液量盎司 / ⅓杯）
海鲜酱

3根小葱（青葱）

6片越南春卷皮

首先，烧一壶开水。同时，将青葱切成10厘米（4英寸）的长段，再把熏鸭肉切成细长条。接着，将粉丝放进中型碗里，倒入开水，浸泡5分钟后将水沥干，再用水将粉丝冲洗一遍。

接下来包鸭肉卷。首先将6片春卷皮浸入温水中片刻。然后，将每片春卷皮都铺在一个干净的台面上，再将做好的粉丝、青葱、鸭肉和海鲜酱分别放到每片春卷皮的中央。注意，切勿过量。最后将春卷皮两边往上对折，再将折起的春卷皮绕食材紧紧包裹住即可。建议制作完成后立即享用，或者可以用一块潮湿的茶巾包裹起来，待想吃的时候取出即可。

芝麻金枪鱼荞麦面

2人份 / 所需时间：8分钟

所需装备：烤盘、炖锅、滤锅

100克（3½盎司/1½杯）
带荚速冻日本青豆

2块金枪鱼排

100克（3½盎司）
荞麦面

1茶匙芝麻油，
可以多准备一
些，待菜品做
好后淋一些在
上面

首先，烧开一壶水。同时，将烤盘放到高火上加热。随后，在鱼排上刷一层植物油，再撒上足量新鲜的黑胡椒碎来调味。将鱼排放到烤盘上，每面各烤1分钟，然后放到一边备用。接着，将开水倒入炖锅中，倒入荞麦面，荞麦面的烹饪方法按照外包装上的说明来操作即可。在面煮熟之前2分钟，将日本青豆倒入锅中。待面煮熟后，将水沥干，在冷水中浸泡一会儿，待面条冷却后，将面捞出并倒在盘里，再在面上淋一些芝麻油。

　　最后，将金枪鱼切成细长块放在面条和日本青豆上即可，根据个人口味，可以再淋一些芝麻油。

哈里萨辣酱古斯古斯面
配烟熏黑线鳕鱼

4人份/所需时间：10分钟

所需装备：煎锅、耐热搅拌钵、保鲜膜

300克（10½盎司/1½杯）
古斯古斯面

足够做出1升（35液量
盎司/4杯）汤的蔬菜固
体浓汤块或者汤粉

400克（14盎司）
烟熏黑线鳕鱼或者
烟熏鲭鱼片

1小把胡荽叶
（香菜叶）

1汤匙哈里萨辣酱

首先，烧开一壶水。同时，将胡荽叶剁碎，再开大火，将煎锅放到火上加热。等水烧开后，倒1升（35液量盎司/4杯）开水到搅拌钵中，再将固体浓汤料或者汤粉和古斯古斯面一起倒入搅拌钵中，搅拌均匀后，封上一层保鲜膜，放到一边焖5分钟。同时，在煎锅中倒入2汤匙植物油，再将鱼片放入锅中，每面各炸2分钟。

将古斯古斯面焖5分钟后，撕下保鲜膜，并用叉子翻搅一下面块，然后将哈里萨辣酱和胡荽叶倒入锅中并搅拌，再按照口味加入盐和胡椒粉调味。最后，将烟熏黑线鳕鱼切成小块后撒在古斯古斯面上即可享用。

狐鲣鱼汤炖海鲈鱼

2人份 / 所需时间：8分钟

所需装备：糕点刷、小炖锅、煎锅、抹刀、2个浅汤碗

足够做出500毫升（17液量盎司 / 2杯）汤的狐鲣鱼汤固体浓汤块或者汤粉

2把嫩英国菠菜

2块带皮海鲈鱼块

1汤匙酱油

4根小葱（青葱）

首先，烧开500毫升（17液量盎司/2杯）的水。同时，将海鲈鱼块轻轻拍打，将其拍干，再用刀在鱼皮上划开几道口。接着，在鱼块的正反两面都刷上植物油，再撒上足量的盐和胡椒粉调味。随后，将鱼放在一边备用。

　　接着，将开水倒入炖锅中，并将固体浓汤料和酱油一起倒入锅中，再将青葱切碎放入锅中。然后调成小火，确保汤不会变凉。将另一个灶台调成大火，放上煎锅，再将鱼块放入锅中，带鱼皮的一面朝下。油煎3—4分钟后，将鱼块翻面，注意，不要将鱼块弄碎。翻面后，再油煎1—2分钟。接着，在2个汤碗中分别放入一小把嫩菠菜，再倒入煮好的汤汁，并使菠菜完全浸入汤中。最后，将鱼块盛到碗里即可。建议制作完成后趁热享用。

烤鲱鱼配腌黄瓜

2人份 / 所需时间：10分钟

所需装备：烤盘或烤架、蔬菜去皮器、碗、糕点刷

1根约400克的黄瓜
（14盎司）

2汤匙米酒醋

4条去除内脏
和鳞的鲱鱼

1大茶匙细砂糖
（超细白糖）

首先，将烤盘放在高火上加热，或者加热烤架。同时，用蔬菜去皮机将黄瓜削皮，再将其削成长条。然后，将黄瓜放入碗中，加入米酒醋、糖、少量的辣椒片（如果需要的话）和¼茶匙海盐片调味，然后放在一边备用。

　　接下来，在鲱鱼上刷上少量的橄榄油，再撒上一些盐和胡椒粉。然后将其放到烤盘或者烤架上烤3—5分钟，每隔1分钟要将鲱鱼翻一下身，烤到鱼肉熟透为止。建议制作完成后趁热享用，搭配做好的黄瓜，再淋一些柠檬汁，风味更佳。

椒盐鱿鱼

2人份 / 所需时间：10分钟

所需装备：大炖锅、大餐盘、吸水纸、篦式漏勺

柠檬块，菜品完成之后
淋一些柠檬汁在上面

40克（1½盎司）
玉米淀粉

250克（9盎司）
鱿鱼圈

首先，往炖锅中倒入足够的植物油，油量大致有3厘米（1¼英寸）高。然后大火加热。同时，将玉米淀粉倒入大餐盘中，再倒入1茶匙海盐片和2茶匙黑胡椒碎，搅拌均匀。然后，将鱿鱼圈放到餐盘中，使其沾满玉米淀粉。接着，当炖锅中的油加热到30秒就能使1片面包炸至金棕色的温度，将沾好淀粉的鱿鱼圈分批放入锅中油炸，炸至淀粉呈金黄色即可。每批鱿鱼圈最多炸1分钟。

鱿鱼圈炸好后，用篦式漏勺沥干油后，放到吸水纸上吸收多余的油即可。建议制作完成后趁热享用。挤一些柠檬汁在上面，口味更佳。

沙爹对虾面

4人份 / 所需时间：10分钟

所需装备：炒锅或者大煎锅、小碗

300克（10½盎司）
生炒面

300克（10½盎司）带壳对虾
（其他小虾亦可）

2汤匙酸橙汁

2汤匙花生黄油

60毫升
（2液量盎司 / ¼杯）
甜辣酱

首先，将火调成中高火，然后将炒锅或者煎锅放到火上加热。再将花生黄油、甜辣酱和酸橙汁放到小碗中搅拌均匀，放到一边备用。

　　接着，在炒锅或者煎锅中倒入2汤匙植物油，再将对虾倒入锅中，并用大火翻炒1分钟，等到虾肉变成粉色即可。接着，将面条和调好的辣椒酱倒入锅中翻炒，待面条彻底炒熟，酱料也都均匀地沾到面条上即可。如果面条有些粘连，可以加入少量的水，让面条松散开来。最后，撒上一些盐和胡椒粉调味即可享用。建议制作完成后趁热享用，淋上些酸橙汁，口味更好。

鱿鱼、西班牙辣香肠、扁桃仁沙拉

4人份的主食 / 所需时间：10分钟
所需装备：浅碗、沙拉碗、煎锅、篦式漏勺

600克（1磅5盎司）
洗干净的鱿鱼须

300克（10½盎司）
西班牙辣香肠

1个柠檬

1小把芝麻菜

20克（¾盎司 / ¼杯）
扁桃仁片

首先，将鱿鱼须洗干净，再轻轻拍干，然后放在小碗里。将柠檬对半切开，挤半个柠檬的柠檬汁到碗里，再加入一些橄榄油、盐和胡椒粉来调味，搅拌均匀后，放在一边备用。接着，在煎锅中倒入1汤匙橄榄油并用中高火加热。然后将西班牙辣香肠切成薄片，放入煎锅中煎炸，炸至香肠变脆即可。炸好后，用篦式漏勺将油沥干后盛入色拉盘中。

　　随后，将火力调至高火，将鱿鱼须倒入锅中翻炒3分钟，炒到鱿鱼须变软即可。将鱿鱼须和锅里的汤汁一同盛入色拉盘中，撒上芝麻菜，再把剩下的半个柠檬挤汁淋在盘中。接着，再淋上一些特级初榨橄榄油，撒上一些盐和胡椒粉调味，搅拌均匀。最后，在色拉上撒上一些扁桃仁即可享用。

纸包鱼

2人份 / 所需时间：10分钟

所需装备：2大张方形烘焙纸、烤板

1小杯白葡萄酒

4汤匙厚奶油
（高脂浓奶油）

2块薄鱼片（鳕鱼、黑线鳕鱼、
海鲈鱼或者三文鱼均可）

1小把混合香草，比如
欧芹、龙嵩叶或者莳萝

首先，将烤箱预热至230℃（450℉）。然后，将2块鱼片平铺在烘焙纸上。用勺子将奶油淋在鱼片上，然后撒一些盐和胡椒粉来调味，再撒一些香草。接着，将烘焙纸四边折叠起来，包裹住鱼片，但是要留一道缝隙。然后，从缝隙里倒入葡萄酒，再将缝隙封紧，然后将整个纸包放在稍微开阔点的地方让它膨胀起来。最后将其放在烤板上，放入烤箱烘烤8分钟即可。享用时只需将纸包打开，撒上一些盐，再淋一些柠檬汁即可。

纸包鱼的变化食谱

2人份

如果您想尝试一些不一样的配方，那么可以试试接下来的这些搭配。
下面这些都是本书第196、197页纸包鱼配方的变化版。
将下面的食材简单加工后或直接放入纸包鱼中即可。

2茶匙酱油

1根小葱（青葱）

少量芝麻油

1汤匙速冻青豌豆

2汤匙椰奶

2茶匙泰式绿咖喱酱

½茶匙红辣椒薄片

酱油和葱

泰式绿咖喱酱

2汤匙番茄酱
（番茄糊）

1把豆瓣菜叶

1茶匙龙嵩叶碎

少量干牛至

1汤匙乌榄碎

番茄酱和橄榄油

豆瓣菜和龙嵩叶

199

第5章

甜点

樱桃巧克力球

28份 / 所需时间：6分钟
所需装备：食品加工机

150克（5½盎司）
巧克力奶油饼干

40克（1½盎司 / ¼杯）
樱桃干或者蔓越莓干

少量盐

40克（1½盎司 / ¼杯）
奶油干酪

首先，将所有准备好的食材放到食品加工机中搅拌均匀。

　　然后，用茶匙每次舀出同等量的混合物，用手捏成球形即可。建议制作完成后立即享用，或者放到冰箱里冷藏保存，待想吃的时候再拿出来。

　　如果喜欢可可口味的话，可以撒一些可可粉在上面。

白巧克力燕麦块

16份／所需时间：5分钟制作＋20—30分钟冷却时间
所需装备：1个炖锅和1个烹饪时要放在炖锅里的耐热碗、
搅拌钵、带烘焙纸的烤板

200克（7盎司）格兰诺拉燕麦，
最好是拌有水果干

250克（9盎司）
白巧克力

首先，烧开一壶水。同时，将巧克力掰成小块放入耐热碗中。接着，将开水倒入炖锅中，再将耐热碗放入炖锅中用小火慢煮，边煮边用勺子搅拌，直至巧克力彻底融化。

然后将融化的巧克力和格兰诺拉燕麦倒入搅拌钵中搅拌均匀，再用汤匙将其舀到带烘焙纸的烤板上冷却，冷却约20—30分钟待其完全凝固后即可享用。

美味燕麦棒

12条/所需时间：5分钟

所需装备：食品加工机或者搅拌器、13厘米×23厘米（5英寸×9英寸）的饼模

120克（4盎司/1 ¼ 杯）燕麦片

50克（2盎司/2杯）
膨化炒米

100克（3½ 盎司/½ 杯）
即食杏干

4汤匙花生酱
（或者其他果仁酱）

75毫升（2½ 液量
盎司/⅓ 杯）蜂蜜

首先，将燕麦片放入食品加工机或搅拌器中打碎成粉末。接着，在搅拌器中加入花生酱、蜂蜜、杏干和膨化炒米继续搅拌，待搅拌器将食材搅拌成团即可。

接下来，将搅拌好的混合物按压在饼模里定型，取出后将其切成长约6厘米（2½英寸）、宽约2厘米（¾英寸）的长条块即可享用。

太妃糖爆米花

4人份的小吃/所需时间：8分钟制作+5分钟冷却时间

所需装备：小炖锅、带盖的大炖锅、不粘烤板

3汤匙金黄色糖浆

50克（2盎司/¼杯）
玉米粒

2汤匙盐味黄油

将黄油和金黄色糖浆倒入小炖锅中加热融化，再加些盐调味。然后用大火炖1分钟，随后将火关闭。

接着，将玉米粒倒入大炖锅中，并倒入1汤匙植物油，搅拌至每粒玉米粒上都沾满油。然后，用中高火加热。在玉米粒开始爆开时，将火关掉，盖上盖子。等1分钟，再用中高火加热，在玉米粒爆开的过程中，不断晃动锅子。当锅中玉米粒爆开的噼啪声逐渐变小时，再将火关闭等待1分钟，这时要保证盖子是盖上的。随后，将之前准备好的黄油糖浆倒入锅中，搅拌至每粒爆米花都沾上黄油糖浆。随后将爆米花倒在烤板上，待其冷却之后即可享用。

无烘烤花生曲奇

24份/所需时间：10分钟制作+10分钟冷却时间
所需装备：炖锅、大烘焙纸

235克（8½盎司/1½杯）
燕麦片

60毫升（2液量
盎司/¼杯）牛奶

55克（2盎司/¼杯）
无盐黄油

225克（8盎司/1杯）
细砂糖（超细白糖）

2汤匙花生酱

首先，将白砂糖、牛奶、黄油和适量的盐放进炖锅中用中低火加热，并不断搅拌直至白砂糖溶化。随后，将火力调至中火，再持续搅拌2分钟，直至沸腾。

　　随后，将火关闭，往锅里倒入燕麦片和花生酱，搅拌均匀后，将火力调至中火再搅拌1分钟，关火。接着，用2把勺子每次舀起大约1汤匙量的花生燕麦糊放到烘焙纸上。因为花生燕麦糊很松散，很容易在中途脱落，所以动作一定要快。待全部舀出之后，用勺子背将花生燕麦糊压扁成曲奇饼干状。最后，待其冷却凝固即可享用。

香料糖脆卷

8份 / 所需时间：10分钟制作+5分钟冷却时间

所需装备：2张烘焙纸、铺好烘焙纸的烤板

80克（3盎司）卷好的
千层饼（约⅓张烘焙纸
大小）

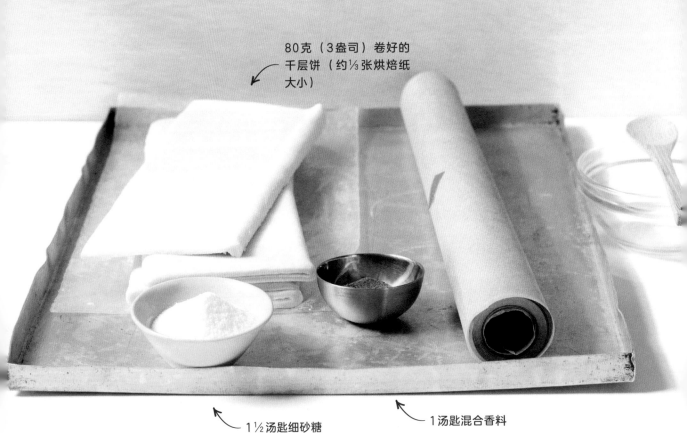

1½汤匙细砂糖
（超细白糖）

1汤匙混合香料

首先，将烤箱预热至200℃（400℉）。然后，将糖和混合香料倒入碗中并搅拌均匀。

接着，先将千层饼切成8块小长方形，放在2张烘焙纸上，再将其卷成长条状，一次卷4个，分两次卷。随后，将卷好的千层饼放到铺有烘焙纸的烤板上。

再用叉子在8根千层饼卷上叉出几个小洞，撒上之前拌好的糖和香料的混合物。接着放入烤箱烘烤6—7分钟，待千层饼表面变成金黄色即可。建议趁热食用。

棉花糖巧克力夹心饼干

4份 / 所需时间：5分钟

所需装备：铺好烘焙纸的烤板

8片全麦饼干或
者肉桂焦糖饼干

80克（3盎司）棉花软糖
或者8块大棉花糖

40克（1½盎司）
牛奶巧克力块

首先，将烤架温度调到最高。然后，将4片全麦饼干或者肉桂焦糖饼干放在烤板上，并在每片饼干上放1块巧克力。再放上2块棉花糖。然后将烤板放在烤架上烤2分钟，或棉花糖变成棕黄色即可。最后，将另外4片饼干分别盖在棉花糖上即可。建议制作完成后趁热享用。

焦糖奶油开心果配无花果

2人份/所需时间：10分钟

所需装备：煎锅、炖锅

150毫升（5液量盎司）
厚奶油（高脂浓奶油）

4—5个熟无花果

2汤匙无盐黄油

开心果，用于点缀菜品

150克（5½盎司）
黑砂糖

首先，将5个无花果纵向切成两半。接着，将准备好的黄油放入煎锅中加热融化。再将切好的无花果切面朝下放入锅中，以中高火油煎2分钟。接着，将无花果翻面，再煎1分钟。煎好后，放在一边备用。

然后，在炖锅中倒入奶油和糖，用小火煮上几分钟即可。最后，将做好的焦糖奶油和开心果撒在无花果上即可享用。

里科塔芝士配糖水煮果干

2人份 / 所需时间：10分钟

所需装备：小炖锅、柠檬榨汁机、篦式漏勺、2个餐盘

250克（9盎司）
即食软果干

3大汤匙里科塔芝士

1个八角茴香或者
2瓣八角茴香

1根肉桂棒

1个柠檬

首先，烧一壶开水。然后将果干、肉桂和八角茴香放入小炖锅中，再加入400毫升（14液量盎司/1½杯）开水，或开水的量正好盖过果干亦可。然后将柠檬榨汁后一同倒入锅中，煮8分钟。如果时间允许，可以煮更长时间。

同时，将里科塔芝士搅拌成乳脂状。然后，在果干煮好后，用篦式漏勺沥干水盛到餐盘中，再将肉桂棒和八角茴香扔掉。最后再淋上一些煮果干用的水，并搭配着里科塔芝士食用即可。

基础芝士蛋糕

8人份 / 所需时间：10分钟制作 + 1小时冷却时间

所需装备：小炖锅、食品加工机、直径20厘米（8英寸）的蛋糕模具、电动搅拌器

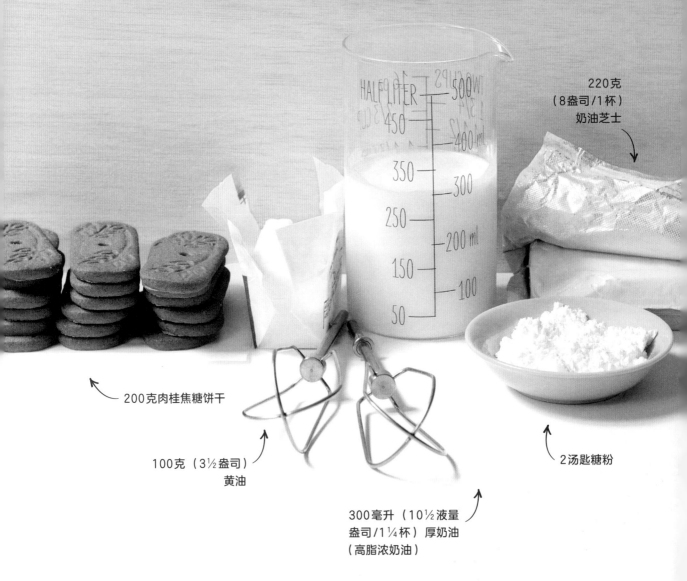

220克
（8盎司/1杯）
奶油芝士

200克肉桂焦糖饼干

100克（3½盎司）
黄油

2汤匙糖粉

300毫升（10½液量
盎司/1¼杯）厚奶油
（高脂浓奶油）

首先，将黄油放入小炖锅中加热融化。同时，将肉桂焦糖饼干放入食品加工机中搅拌成粉末，然后倒在黄油上，并搅拌均匀。接着，将搅拌好的饼干屑倒入蛋糕模具中，并用力按压铺平，然后利用黄油冷却的时间，制作饼干上部的奶油芝士。

　　首先，将奶油、奶油芝士和糖粉倒入搅拌器中搅拌均匀、浓稠。然后，将搅拌好的奶油芝士倒入模具里，待整个蛋糕冷却定型，从模具里取出即可享用。

芝士蛋糕的变化食谱

8人份
如果您想尝试一些不一样的配方，那么可以试试接下来的这些搭配。
这些都是本书第220、221页芝士蛋糕配方的变化版。

几片香蕉切片

3汤匙枫糖浆

4汤匙奶油焦糖酱或者
焦糖炼乳酱

少量海盐片

枫糖香蕉片

　　首先，按照书上第221页的介绍来制作芝士蛋糕。但是，在制作上层奶油芝士时，用枫糖浆取代糖粉放入搅拌器中搅拌即可。蛋糕做好后，可以多淋上一些枫糖，再放上几片香蕉片即可享用。

盐味焦糖

　　首先，按照书上第221页的介绍来制作芝士蛋糕。然后，在奶油芝士上淋上一层奶油焦糖酱，并在蛋糕冷却之前，撒上些许海盐片，最后待蛋糕冷却即可享用。

2个酸橙的酸橙皮碎

80毫升（2½液量盎司/⅓杯）酸橙汁

200克（7盎司）全麦饼干

250克（9盎司/1杯）柠檬酱

200克（7盎司）姜汁饼干

1个柠檬的柠檬皮碎

酸橙味芝士蛋糕

首先，按照书上第221页的介绍来制作芝士蛋糕。但是，在制作蛋糕基的时候，用全麦饼干代替肉桂焦糖饼干。然后在制作上层奶油芝士时，加入酸橙汁和大部分酸橙皮碎。在蛋糕制作好，但还没有冷却之前，将剩余的酸橙皮碎撒在蛋糕上。待蛋糕冷却之后即可享用。

柠檬味芝士蛋糕

首先，按照书上第221页的介绍来制作芝士蛋糕。但是，在制作蛋糕基的时候，用姜汁饼干代替肉桂焦糖饼干。然后在倒入奶油芝士之前，在蛋糕基上先抹上一层柠檬酱即可。

香橙玫瑰味奶油酱

4人份／所需时间：5分钟

所需装备：橙汁榨汁机、磨碎器、小碗、搅拌钵、电动搅拌器、4个平底玻璃杯

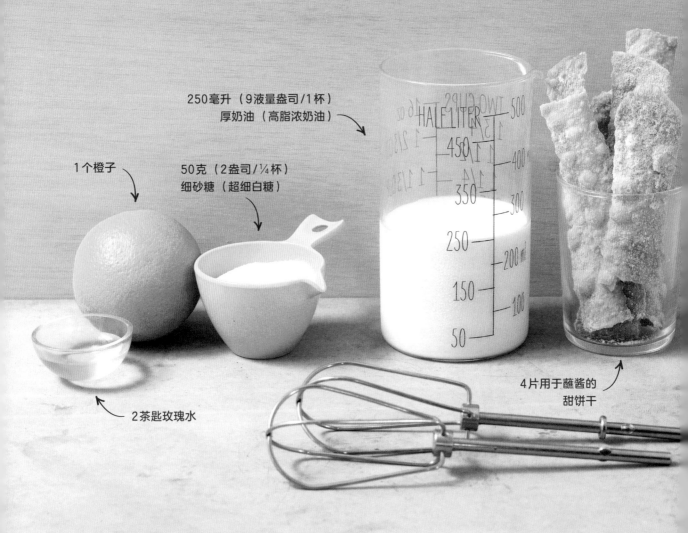

250毫升（9液量盎司/1杯）
厚奶油（高脂浓奶油）

1个橙子

50克（2盎司/¼杯）
细砂糖（超细白糖）

4片用于蘸酱的
甜饼干

2茶匙玫瑰水

首先，将橙子榨汁，然后，将橙子皮磨碎。接着，将橙汁倒入小碗中，再将大部分橙皮、玫瑰水和糖一同倒入碗中，搅拌到糖溶化即可。

接着，将奶油倒入搅拌钵中，搅拌至柔软耸立。然后，一点一点地加入橙汁混合物并继续搅拌。搅拌到颜色明亮且均匀即可。注意，不要放太多奶油，否则奶油无法和橙汁混合均匀，并且凝固后会结块。

搅拌好后，用勺子将奶油盛入杯中，再将剩余的橙子皮撒在奶油上即可。建议食用时搭配甜饼干一同享用。

巧克力杯子蛋糕

1人份/所需时间：5分钟

所需装备：1个可微波炉加热的杯子（容量至少350毫升/12液量盎司）、微波炉

2汤匙自发面粉

2汤匙可可粉

1个鸡蛋

2½汤匙细砂糖
（超细白糖）

2汤匙牛奶

首先，将面粉、可可粉和鸡蛋放到杯子中，然后搅拌均匀。接着，在杯中倒入牛奶和2汤匙植物油，并搅拌均匀。

随后，将杯子放入微波炉中用高火加热3分钟即可。

根据个人喜好，可以在蛋糕上再撒一些糖粉。

蓝莓杯子蛋糕

1人份/所需时间：5分钟

所需装备：1个可微波炉加热的杯子（容量至少350毫升/12液量盎司）、微波炉

2汤匙牛奶

3汤匙细砂糖
（超细白糖）

3汤匙自发面粉

25克（1盎司/¼杯）蓝莓，
可多准备一些，蛋糕做完后，
撒一些在蛋糕上

1个鸡蛋

首先，将面粉、可可粉和鸡蛋放到杯子中，并搅拌均匀。接着，在杯中倒入牛奶和2汤匙植物油，再搅拌均匀，然后拌入蓝莓。

将杯子放入微波炉中以高火加热3分钟即可。

根据个人喜好可以搭配多余的蓝莓和奶油一起享用。

229

白巧克力蓝莓奶油冻

4人份 / 所需时间：8分钟制作 +1 小时冷却时间
所需装备：1个炖锅和1个烹饪时要放在炖锅里加热的耐热碗、
电动搅拌器、4个玻璃小蛋糕模子

250毫升（9液量盎司/1杯）
厚奶油（高脂浓奶油）

150克（5½盎司/1杯）
蓝莓，可适当多准备一
些，蛋糕做好后，撒一
些在蛋糕上

125克（4½盎司/¾杯）
白巧克力碎

首先，在水槽里倒入1厘米（½英寸）高的冷水。接着，往炖锅中倒入¼量的水，煮至沸腾。然后往耐热碗中放入巧克力和2汤匙奶油，再将耐热碗放入炖锅中，并不断搅拌至巧克力彻底融化。接着，将耐热碗从炖锅中取出，放入倒有冷水的水槽中冷却几分钟。然后，将剩余的奶油倒入锅中，搅拌至奶油巧克力开始凝固即可。接着，将蓝莓倒入锅中，并与奶油巧克力混合均匀。

最后，将其舀入4个小蛋糕模子里冷却1小时即可。建议搭配着剩下的蓝莓和白巧克力碎一起享用。

经典提拉米苏

4人份 / 所需时间：8分钟

所需装备：大浅盘、4个鸡尾酒杯、电动搅拌器、碗、磨碎器

16根意式饼干或者
其他的手指饼干

375克（13盎司/1½杯）
马斯卡泊尼奶酪

160毫升（6液量盎司/¾杯）
冷浓咖啡或者5茶匙速溶咖啡

黑巧克力，甜点做好后
撒在甜点上

2汤匙细砂糖
（超细白糖）

如果使用速溶咖啡的话，那么先在杯中倒入180毫升（6液量盎司/¾杯）的冷水，再倒入速溶咖啡，搅拌均匀。接着，将每根手指饼干掰成4小段并放到浅盘中，再倒入咖啡，尽量让饼干浸泡在咖啡里。然后轻轻地给饼干翻面，放在一旁备用。将马斯卡泊尼奶酪、糖和100毫升（3½液量盎司/⅓杯）冷水放在碗中搅拌均匀。

然后将一半的手指饼干平均放入4个鸡尾酒杯底中，再将一半马斯卡泊尼奶酪分别倒在4个鸡尾酒杯中的手指饼干上，再放入剩余的手指饼干，然后再倒入剩余的马斯卡泊尼奶酪。最后将磨碎的黑巧克力撒在甜品上即可。建议制作完成后立即享用，或者放在冰箱里冷藏一段时间，让这道甜品里的各种美味充分融合后再享用。

经典**提拉米苏**的变化食谱

4人份

如果您想尝试一些不一样的配方，那么可以试试接下来的这些搭配。

这些都是本书第232、233页经典提拉米苏配方的变化版……

280毫升（10液量盎司/1¼杯）石榴汁

200毫升（7液量盎司/¾杯）罐装荔枝中的糖汁

1茶匙玫瑰水

1小把石榴子

适量罐装荔枝果肉

石榴味提拉米苏

用180毫升（6液量盎司/¾杯）石榴汁代替浓咖啡倒到手指饼干上，再用100毫升（3½液量盎司/⅓杯）石榴汁代替水倒入马斯卡泊尼奶酪中。在每层手指饼干和马斯卡泊尼奶酪之间撒上一些石榴子。最后，再用石榴子代替黑巧克力屑撒在甜品上即可。

荔枝玫瑰味提拉米苏

将荔枝罐头中的糖汁和玫瑰水混合后，将手指饼干浸入其中。在搅拌马斯卡泊尼奶酪的过程中，再加入几滴玫瑰水。随后将切碎的荔枝肉放在每层手指饼干和马斯卡泊尼奶酪之间。最后，再用荔枝肉来代替黑巧克力屑撒在甜品上即可。

马沙拉白葡萄酒提拉米苏

将马沙拉白葡萄酒、水和白砂糖放在一个小锅里。边煮边搅拌，待糖溶化即可将火关闭。然后用葡萄酒混合物代替浓咖啡浸泡手指饼干，并在搅拌马斯卡泊尼奶酪时，也倒入少量的马沙拉白葡萄酒。随后，在每层手指饼干和马斯卡泊尼奶酪之间加入切碎的桃子果肉。最后，用桃子果肉代替黑巧克力屑撒在甜点上即可享用。

160毫升（5½液量盎司/⅔杯）马沙拉白葡萄酒

2汤匙细砂糖（超细白糖）

2汤匙水

160毫升（5½液量盎司/⅔杯）意大利柠檬甜酒

2汤匙水

1小把蓝莓

2½汤匙细砂糖（超细白糖）

少量的罐装桃子果肉

蓝莓意大利柠檬甜酒味提拉米苏

将意大利柠檬甜酒、水和白砂糖倒入小炖锅中，边煮边搅拌，直到白砂糖全部溶化。接着用做好的意大利柠檬甜酒调料代替浓咖啡浸泡手指饼干。然后在搅拌马斯卡泊尼奶酪时，也加入少量的意大利柠檬甜酒调料。随后，在每层手指饼干和马斯卡泊尼奶酪之间加入蓝莓果肉。最后，用蓝莓代替黑巧克力屑撒在甜品上即可享用。

235

巧克力杯

4人份 / 所需时间：6分钟制作+30分钟冷却时间

所需装备：炖锅、小碗、搅拌器、4个小蛋糕模子

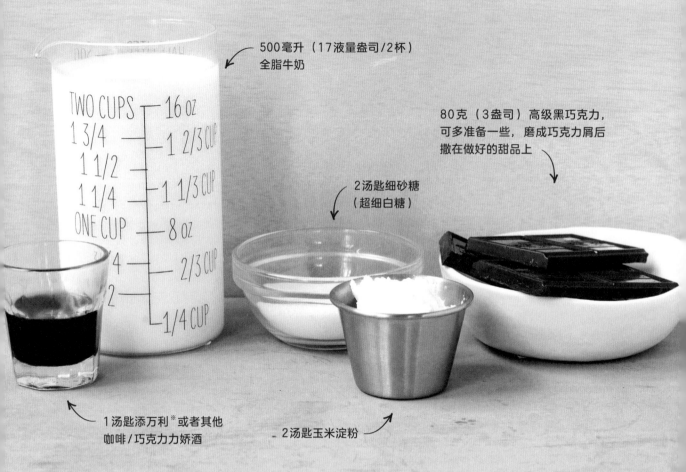

500毫升（17液量盎司/2杯）
全脂牛奶

80克（3盎司）高级黑巧克力，
可多准备一些，磨成巧克力屑后
撒在做好的甜品上

2汤匙细砂糖
（超细白糖）

1汤匙添万利※或者其他
咖啡/巧克力力娇酒

2汤匙玉米淀粉

※ 牙买加语，一种顶级咖啡利口酒。

首先，在炖锅中倒入牛奶和白砂糖并加热，加热至牛奶开始沸腾后，将火关闭。然后，将巧克力掰成小块，与添万利一同放入炖锅中并搅拌至巧克力完全融化。

接着，将玉米淀粉放入一个小碗中，加入2汤匙做好的巧克力酱并不断搅拌，使结块的玉米淀粉逐渐溶解。之后，将搅拌好的玉米淀粉缓慢倒入炖锅中并用小火加热，搅拌至巧克力玉米淀粉变浓稠，然后将其分别盛入4个小蛋糕模子里冷却。待其冷却后，将剩余的黑巧克力磨成碎屑撒在巧克力杯上即可。根据个人喜好，可以搭配着饼干享用。

枫糖奶油配焦糖香橙

2人份 / 所需时间：5分钟

所需装备：大煎锅、电动搅拌器、小碗、抹刀

2个大橙子

150毫升（5液量盎司/⅔杯）
厚奶油（高脂浓奶油）

1汤匙枫糖浆

1茶匙肉桂粉

50克（2盎司/¼杯）
黑砂糖或者软黄糖

首先，将煎锅放到中高火上加热。然后，橙子剥皮去子，再将每只橙子横切成6片。

接着，将奶油和枫糖浆放到碗里搅拌均匀变稠，再加入肉桂粉并搅拌均匀。

将橙子片放入煎锅中煎1分钟，然后将橙子片翻面。接着，将砂糖肉桂撒到橙子上再煮1分钟。再次翻面后再煮1分钟，待糖汁开始起泡即可。搭配着枫糖奶油一起享用，风味更佳。

伊顿麦斯

4人份 / 所需时间：8分钟

所需装备：食品加工机、大碗、电动搅拌器

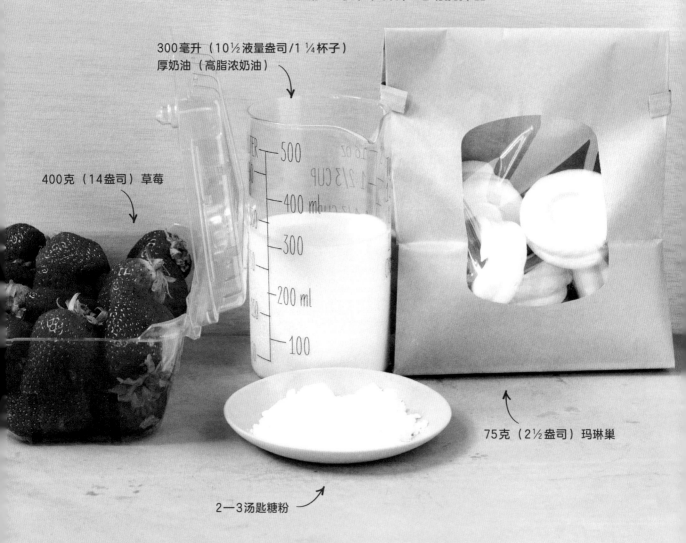

300毫升（10½液量盎司 / 1¼杯子）
厚奶油（高脂浓奶油）

400克（14盎司）草莓

75克（2½盎司）玛琳巢

2—3汤匙糖粉

首先，草莓去蒂，然后将200克草莓和1汤匙糖粉放入食品加工机中搅拌成草莓酱。然后将剩余的草莓4等分竖切。再将剩余的1—2汤匙糖粉和奶油倒入碗中，搅拌至柔软可滴的稠度即可，不要过度搅拌。将玛琳巢碎拌入奶油中。然后将大部分草莓酱和切好的草莓一同拌入奶油里。

最后，将剩余的草莓酱淋在甜点上，再点缀上剩余草莓即可。

煎巧克力奶油蛋卷

4人份 / 所需时间：5分钟

所需装备：大煎锅、抹刀

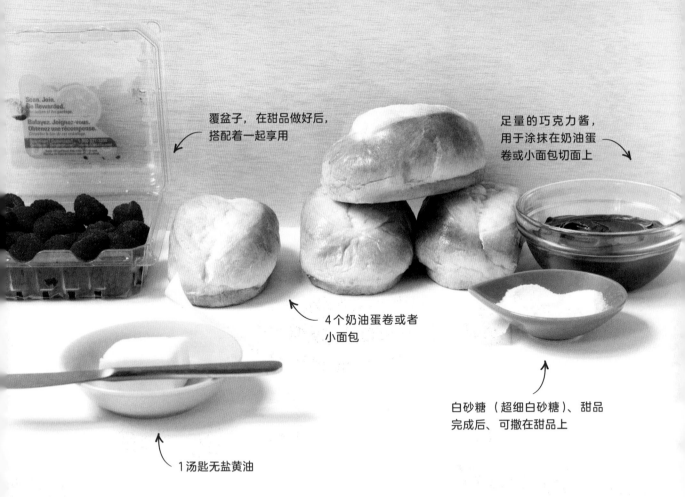

覆盆子，在甜品做好后，
搭配着一起享用

足量的巧克力酱，
用于涂抹在奶油蛋
卷或小面包切面上

4个奶油蛋卷或者
小面包

白砂糖（超细白砂糖）、甜品
完成后、可撒在甜品上

1汤匙无盐黄油

首先，将4个奶油蛋卷横切成两半，在切面上涂抹上大量巧克力酱，然后再将两块奶油蛋卷重新压合在一起。

　　接着，在煎锅中放入黄油，并用中高火加热，直到黄油沸腾起泡。然后将奶油蛋卷放入锅中煎，每面各炸1分钟，直到蛋卷表面变成金黄色。然后用抹刀将炸好的蛋卷压扁一些。建议享用前在蛋卷上撒一些糖粉，搭配着覆盆子，趁热食用，风味更佳。

冷冻覆盆子露

4人份 / 所需时间：2分钟

所需装备：搅拌器

3大汤匙蜂蜜，按照个人
口味，可以多准备一些

400克（14盎司/3杯）
冷冻覆盆子

125克（4½盎司/½杯）
马斯卡泊尼奶酪

2汤匙原味酸奶

首先，将所有食材放入搅拌器中搅拌均匀。盛入杯中后，经常用叉子刮一下杯壁使水果不会凝固。建议立即享用，或者放入冰箱里冷藏起来，想要食用时，取出后重新搅拌均匀即可。

格兰尼它冰糕莫吉托

4人份/所需时间：10分钟制作+4—6小时冷冻时间

所需装备：小炖锅、磨碎器、搅拌器、过滤器、金属面包模具

100克（3½盎司/½杯）
细砂糖（超细白糖）

2个酸橙

1大把薄荷叶子

1½汤匙白朗姆酒

首先，将酸橙皮磨碎，然后将其与糖和300毫升（10½液量盎司）水一同放入炖锅中，煮到白砂糖溶化为止。然后放到一边冷却。

同时，将酸橙汁、薄荷叶、朗姆酒和冷却的糖浆一同倒入搅拌器中，搅拌至薄荷叶被切碎即可。然后将搅拌好的混合物倒入金属面包模具中并放入冰箱冰冻起来，然后每隔1小时用叉子将模具里的冰块刮一刮，直到变成冰沙，放入杯中即可享用。如果喜欢柠檬的话，可以搭配着柠檬片一起享用。

水果冰糕

4人份/所需时间：3分钟

所需装备：食品加工机或者搅拌器

　　将所有准备好的冷冻水果、枫糖浆和酸橙放入食品加工机或者搅拌器中。根据个人喜好，还可以放一些薄荷叶进去。然后搅拌成冰沙即可。最后还可以按照个人口味加入些酸橙块或枫糖。

450克（1磅）混合冰冻水果，比如柠檬、菠萝、杧果和木瓜

1—2汤匙枫糖浆，按照个人口味调整用量

半个酸橙，按照个人口味调整用量

焦糖冰激凌

4人份/所需时间：5分钟制作+2小时冷冻时间

所需装备：搅拌钵、2个大制冰格（约48格）、食品加工机或搅拌器

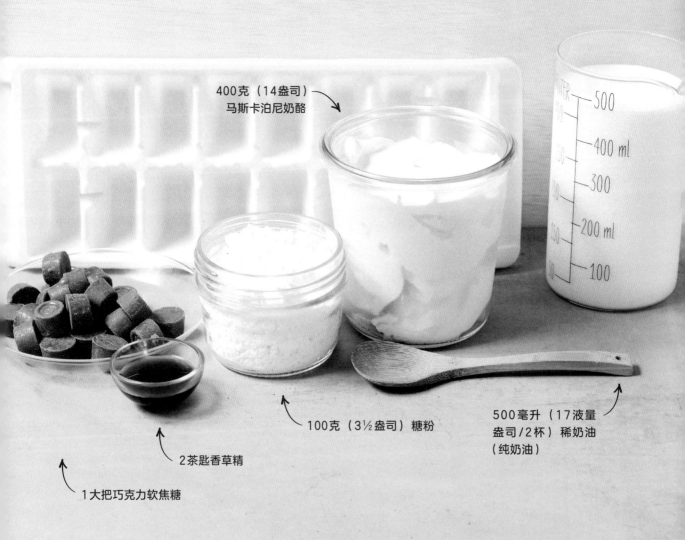

400克（14盎司）
马斯卡泊尼奶酪

100克（3½盎司）糖粉

2茶匙香草精

1大把巧克力软焦糖

500毫升（17液量
盎司/2杯）稀奶油
（纯奶油）